电子信息类新工科系列教材

电子工艺技术基础与实践

主　编　韩　民

副主编　马桂兰　王晓鲲　李建文

山东大学出版社
SHANDONG UNIVERSITY PRESS

·济南·

内容简介

　　本书系统地介绍了安全用电、电子元器件的识别与检测、Multisim 电路仿真、印刷电路板设计与制作、焊接技术等内容。为扩展学生知识面，本书还简要介绍了印刷电路板设计软件 Altium Designer 的应用。此外，书中的电子工艺技能实训部分为不同专业、不同层次的学生设置了多个综合电路的设计、制作、调试实例，可以提高学生的动手能力，激发学生的创新意识。

　　本书可作为高等院校工科类专业学生的电子工艺实训课程教材，也可作为电子科技创新实践、课程设计、毕业设计的参考资料和有关工程技术人员的参考用书。

图书在版编目(CIP)数据

电子工艺技术基础与实践 / 韩民主编.—济南：
山东大学出版社,2023.11
　　ISBN 978-7-5607-7898-3

　　Ⅰ. ①电…　Ⅱ. ①韩…　Ⅲ. ①电子技术－高等学校－
教材　Ⅳ. ①TN

中国国家版本馆 CIP 数据核字(2023)第 152643 号

责任编辑　　祝清亮
文案编辑　　曲文蕾
封面设计　　王秋忆

电子工艺技术基础与实践
DIANZI GONGYI JISHU JICHU YU SHIJIAN

出版发行　山东大学出版社
社　　址　山东省济南市山大南路 20 号
邮政编码　250100
发行热线　(0531)88363008
经　　销　新华书店
印　　刷　济南乾丰云印刷科技有限公司
规　　格　787 毫米×1092 毫米　1/16
　　　　　13.5 印张　279 千字
版　　次　2023 年 11 月第 1 版
印　　次　2023 年 11 月第 1 次印刷
定　　价　49.00 元

版权所有 侵权必究

总　序

　　为主动应对新一轮科技革命与产业变革,支撑服务创新驱动发展以及"中国制造2025"等一系列国家战略,自 2017 年 2 月以来,教育部积极推进新工科建设,先后形成了"复旦共识""天大行动"和"北京指南",并发布了《关于开展新工科研究与实践的通知》《关于推荐新工科研究与实践项目的通知》。当前,"新工科"已经成为高等教育领域关注的热点。"新工科"的目标之一是提高人才培养的质量,使工程人才更具创新能力。电子信息类专业应该以培养工程技术型人才为目的,结合信息与通信工程、电子科学与技术、光学工程三个主干学科,使学生掌握信号的获取与处理、通信设备、信息系统等方面的专业知识,经过电子信息类工程实践的基本训练,具备设计、开发、应用和操作的基本能力。

　　目前,许多高校都在倡导新工科建设,尝试对课程进行教学改革。对专业课程来说,譬如高频电子线路、低频模拟电路、电子线路课程设计等必须进行新工科课程改革,以突出知识和技能的培养。新工科教育教学改革要切实以学生为本,回归教育本质,踏实做好专业基础教育和专业技能教育,加强工程实践技能培养,切实提高人才培养质量,培养社会需要的人才。

　　提高教学质量,专业建设是龙头,课程建设是关键。新工科课程建设是一项长期的工作,它不是片面的课程内容的重构,必须以人才培养模式的创新为中心,以教师团队建设、教学方法改革、实践课程培育、实习实训项目开发等一系列条件为支撑。近年来,山东大学信息科学与工程学院以课程建设为着力点,以校企合作、产学研结合为突破口,实施了新工科课程改革战略,在教材建设方面尤其加大了力度。学院教学指导委员会决定从课程改革和教材建设相结合方面进行探索,组织富有经验的教师编写适应新时期课程教学需求的专业教材。该系列教材既注重专业技能的提高,又兼顾理论的提升,力求满足电子信息类专业的学生需求,为学生的就业和继续深造打下坚实的基础。

　　通过各编写人员和主审们的辛勤劳动,本系列教材即将陆续面世。希望这套教材能服务专业需求,并进一步推动电子信息类专业的教学与课程改革。也希望业内专家和同仁对本套教材提出建设性和指导性意见,以便在后续教学和教材修订工作中持续改进。

　　本系列教材在编写过程中得到了行业专家的支持,山东大学出版社对教材的出版给予了大力支持和帮助,在此一并致谢。

　　　　　　　　　　　　　　　山东大学信息科学与工程学院教学指导委员会

　　　　　　　　　　　　　　　　　　　　　　2020 年 8 月于青岛

前　言

随着电子信息技术的飞速发展和广泛应用,电子信息行业已成为国民经济的支柱产业。目前,社会对创新型、实践型人才的需求越来越迫切,要求也越来越高。我国高等教育经历了上百年的发展,培养了数以千万的科技人才,有力地支撑了我国经济体系的建设与发展,推动我国逐渐成为世界制造业大国。为主动应对新一轮科技革命与产业变革,支撑和服务创新驱动发展、“中国制造2025”以及“互联网＋”等一系列国家战略,教育部积极推进新工科建设,先后形成了新工科建设三部曲——“复旦共识”“天大行动”“北京指南”,并发布了《关于开展新工科研究与实践的通知》《关于推荐新工科研究与实践项目的通知》,全力探索、形成领跑全球工程教育的中国模式、中国经验,助力教育强国、科技强国建设。

电子工艺技术基础与实践课程作为高等院校理工科学生的必修课,不仅是学生学习工艺知识和基本技能的入门向导,而且是创新实践的起步和创新精神的启蒙。该课程强调激发学生的主观能动性,重点培养学生的动手实践能力,提出问题、分析问题、解决问题的能力及创新意识,连通学生从基础理论学习到工程创新实践之间的桥梁,提高学生的工程素养,为后续课程的学习和未来的实际工作打下坚实的基础。

我们在总结多年电子工艺技术基础与实践训练教学的基础上,借鉴吸收同类院校的教学经验成果,编写了本书,旨在满足电子工艺技术实践教学环节的要求。本书以电子产品设计、制作和生产流程为主线,按照学生认知的基本规律,将实际训练项目贯穿于电子工艺基本知识、基本技能、现代计算机辅助设计和仿真软件的学习过程。在实验训练项目的设计和选择中,本书遵循从基础到一般、从简单到复杂的原则,循序渐进,实验训练项目与理论知识章节一一对应,便于教学活动的开展。本书的综合性训练项目注重知识扩展和趣味性的结合,有助于激发学生参与教学活动的热情。

本书第 1 章介绍了安全用电的基本常识;第 2 章全面介绍了常用电子元器件的识别和检测;第 3 章介绍了电子电路计算机仿真设计与分析专业软件 Multisim 的基本应用;第 4 章介绍了印刷电路板设计与制作的知识和方法,并简要介绍了印刷电路板设计软件 Altium Designer 的使用方法;第 5 章介绍了焊接技术;第 6 章是电子工艺技能实训专题,涵盖了基本技能、仿真和设计软件实际训练与综合工艺训练。

本书在撰写过程中参阅了诸多同类教材,汲取了宝贵的经验和成果,并参考了许多网络资料,在此对这些教材和资料的作者表示衷心的感谢! 本书的出版离不开山东大学信息科学与工程学院给予的关心和支持,在此致以真挚的谢意!

由于编写时间仓促,加之编者水平有限,书中难免存在不妥之处,恳请广大读者批评指正,以利于我们不断修正。

编　者

2023 年 6 月 21 日

目　录

第一章　安全用电

　　电能是生产、交通、科研和人民生活等各领域不可缺少的重要能源。然而,电在造福人类的同时,也存在着诸多隐患。例如,触电会造成人员伤亡,设备漏电产生的电火花会引起火灾、爆炸,高频用电设备会产生电磁污染等。如果不注意用电安全,会给个人生命和财产造成巨大损失,引起事故或灾难。因此,我们必须掌握基本的电气知识和安全用电常识,不仅要在思想上高度重视,在操作中严格执行,还要做到当身边有人触电时能快速有效地进行救助。

1.1　安全用电与防护

　　安全用电与防护包括人身安全、设备安全以及预防电气火灾。

1.1.1　人身安全

　　在用电过程中,人们要尽力避免触电事故的发生。触电事故是电流能量直接作用于人体或转换成其他形式的能量作用于人体,造成伤害的事故,是最为常见的电气事故。与其他伤害不同,电流对人体的伤害事先没有预兆,往往发生在瞬息之间,且人体一旦遭受电击,防卫能力将迅速下降。这些特点都增加了触电事故的危险性。

1.1.1.1　触电事故的种类及伤害

　　按照构成方式,触电事故分为电击和电伤两种。

　　(1)电击:电击是电流流过人体,刺激人体组织,使肌肉发生非自主痉挛性收缩而造成的伤害。这种伤害通常表现为针刺感、压迫感、打击感、肌肉抽搐、神经麻痹等,严重时会破坏心脏、肺部的神经系统,引起昏迷、窒息,甚至死亡。电击致伤的部位主要在人体内部,在人体外部往往不会留下明显痕迹。

对于触电造成的死亡,医学上认为是电流经过人体,引起心室纤维颤动,导致心脏功能失调、供血中断以及窒息,从而导致的死亡。

(2)电伤:电伤是由电流热效应、化学效应以及机械效应等对人体所造成的伤害,包括电烧伤(分为电流灼伤和电弧烧伤)、电烙印(对皮肤表面的伤害)、皮肤金属化(多与电弧烧伤同时发生)、机械损伤(肌腱、皮肤、血管、神经组织损伤,关节脱位以及骨折等)、电光眼(对眼睛的伤害)等多种伤害。

电伤一般是在电流较大和电压较高的情况下发生的,属于局部性伤害,一般会在肌体表层留下明显的伤痕。在触电伤亡事故中,与电伤有关的伤害约占75%。

此外,触电事故还可能对人体造成二次伤害。二次伤害是指人体触电引起的高空坠落、碰撞,电气着火、爆炸对人造成的伤害。

1.1.1.2　触电对人体伤害程度的影响因素

触电对人体的伤害程度与通过人体的电流大小、持续时间、电流频率、通过人体的部位以及人体的健康状况等因素有关。

(1)电流大小对触电的影响:通过人体的电流越大,人体反应越明显,感觉越强烈,引起心室颤动所需时间越短,致命危险性越大。以工频交流电对人体的影响为例,按照通过人体的电流大小和生理反应,触电电流可分为以下三种:

①感知电流:引起人体感知的最小电流称为"感知电流"。实验表明,成年人感知电流的有效值为0.7~1 mA。感知电流一般不会对人体造成伤害,但当人体反应强烈时,可能会造成坠落等间接事故。

②摆脱电流:人体触电后能自行摆脱的最大电流称为"摆脱电流"。一般成年人摆脱电流在15 mA以下,该电流下人体在较短时间内可以忍受,迅速脱离后,不会造成生命危险。

③致命电流:在较短时间内危及生命的最小电流称为"致命电流"。电流达到50 mA以上就会引起心室颤动,危及生命。一般情况下,30 mA以下的电流在短时间内通常不会危及生命。

(2)电流持续时间对触电的影响:电流通过人体时间越长,对人体的伤害越大。这是因为电流会使人体发热和人体内电解液成分增加,导致人体电阻降低,进而使通过人体的电流增大,对人体造成更严重的伤害。

（3）电流频率对触电的影响：常用的 50～60 Hz 的工频交流电对人体的伤害程度最为严重。电源的频率离工频越远，对人体的伤害程度越轻。但较高电压的高频电流对人体依然是十分危险的。

（4）人体电阻对触电的影响：人体电阻因人而异，且影响其大小的因素很多，如皮肤厚薄、是否有汗、有无带电灰尘、与带电体接触面积和压力大小等。一般情况下，人体电阻为 1000～2000 Ω。

（5）电压大小对触电的影响：作用于人体的电压越高，人体电阻下降得越快，电流增加的速度越快，对人体造成的伤害越严重。

（6）电流流经路径对触电的影响：电流通过头部会使人昏迷甚至死亡，通过脊髓会导致人截瘫，通过中枢神经会引起中枢神经系统严重失调而导致人精神错乱，通过心脏会造成人心跳停止而导致死亡，通过呼吸系统会造成人窒息。从手到脚、从手到手都属于危险路径，从左手到脚是最危险的电流路径，从脚到脚是危险性较小的路径。

1.1.1.3　常见的触电形式

常见的触电形式有四种，分别为单相触电、两相触电、跨步电压触电和接触电压触电。

（1）单相触电：人体某一部位触及某一相带电体（包括人体同时触及一根火线和零线），电流通过人体流入大地（或流回中性线），称为"单相触电"。单相触电时人体承受的最大电压为相电压，如图 1.1 所示。单相触电的危险程度与电网运行的方式有关，在图 1.1(a)所示的中性点直接接地电网中，当人触及某一相带电体时，该相电流经人体流入大地再回到中性点。由于人体电阻远大于中性点接地电阻，此时电压几乎全部加在人体上。而在图1.1(b)所示的中性点不直接接地电网中，正常情况下电气设备对地绝缘电阻很大，当人体触及某一相带电体时，通过人体的电流较小。因此，一般情况下，中性点直接接地的单相触电比中性点不直接接地的危险性大。

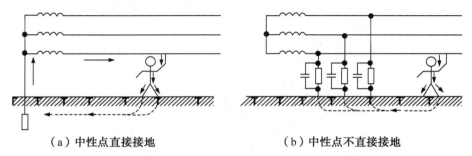

（a）中性点直接接地　　　　　　（b）中性点不直接接地

图 1.1　单相触电

另外，当人体与高压带电体间的距离小于规定的安全距离时，高压带电体会对人体放电。当人体接触漏电设备的外壳时也会造成触电事故，这也属于单相触电。

（2）两相触电：两相触电是指人体同时触及电源的两相带电体，电流由一相经人体流入另一相，如图1.2所示。此时，加在人体上的最大电压为线电压。两相触电与电网的中性点接地与否无关，其危险性最大。

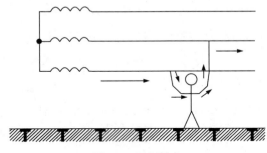

图1.2　两相触电

（3）跨步电压触电：当带电体接地时，电流由接地点向大地流散，在以接地点为圆心，一定半径（通常为20 m）的圆形区域内电位梯度由高到低分布。当人进入该区域时，沿半径方向两脚之间（间距以0.8 m计）存在的电位差称为"跨步电压"（U_k），由此引起的触电事故称为"跨步电压触电"，如图1.3所示。跨步电压的大小取决于人体站立点与接地点的距离，距离越小，其跨步电压越大。当距离超过20 m（理论上为无穷远处）时，可认为跨步电压为零，不会发生触电。

（4）接触电压触电：当电气设备由于绝缘损坏或其他原因出现接地故障时，若人体两个部分（如手和脚）同时接触设备外壳和地面，这两部分会处于不同的电位，其电位差称为"接触电压"。由接触电压造成的触电事故称为"接触电压触电"。在电气安全中，接触电压以人站立在距漏电设备接地点0.8 m处，手触及的漏电设备外壳距地1.8 m高时，手与脚间的电位差（U_j）作为衡量基准，如图1.3所示。接触电压的大小取决于人体站立点与接地点的距离，距离越远，接触电压越大。当距离超过20 m时，接触电压最大，等于漏电设备上的电压（U_d）；当人体站在接地点与漏电设备接触时，接触电压为零。

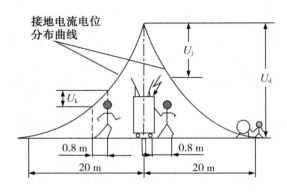

图1.3　跨步电压触电和接触电压触电

1.1.1.4　防止触电措施

发生触电事故的原因包括用电人员缺乏安全用电知识、违反操作规程以及电气设备漏电和年久失修等。针对事故发生的原因,应采取如下相应措施:

(1)加强安全用电知识的教育和宣传。

(2)严格遵守操作规程和安全制度。

(3)电气设备与仪器的质量和安装必须符合标准。

(4)加强电气设备与仪器的日常维护和检修。

1.1.2　设备安全

设备安全是指电气设备、工作设备及其他仪器设备安全。不注意安全用电不仅可能导致人员伤亡,还会对仪器、设备造成损害。影响设备安全的因素主要有设备短路、电压不稳、静电和电磁干扰等,其中设备短路危害最大。

1.1.2.1　影响设备安全的主要因素及危害

(1)设备短路:设备短路主要是由电气设备载流部分的绝缘损坏引起的。造成绝缘损坏的原因主要有以下几点:①设备长期运行,绝缘自然老化,被正常电压击穿。②设备质量低劣,绝缘强度不够,被正常电压击穿。③设备绝缘满足要求,但被过高的电压击穿。④设备绝缘受外力损伤,造成短路,例如磨损、被老鼠咬坏绝缘层等。

短路对仪器、设备及系统的危害主要有以下几点:①短路时,电路释放很大的电能,产生高温,使短路电路中的元件受到损坏,甚至引发火灾。②短路时,电路电压骤降,将严重影响电气设备的正常运行。③短路时,保护装置会将故障电路切断,从而造成停电。④不对称短路将产生较强的不平衡交变电磁场,对附近的通信线路、电子设备等产生电磁干扰,影响其正常运行。

(2)电压质量:电压质量包括电压偏差、电压波动(电压闪变)、不对称度(不平衡度)。用电设备端子电压实际值偏离额定值时,其运行参数和寿命将受到影响,影响程度因偏差大小及持续时间而异。电压质量对用电设备的影响如下:

①电动机:当电压过高(高于额定电压10%以上)时,铁芯磁路饱和,主磁通的增加使激磁电流急剧增加,从而使定子电流增大,电动机过热,以致烧毁;当电压过低(低于额定电压5%以上)时,启动转矩、最大转矩和最大负荷能力均显著减小,严重时电动机甚至不能启动或堵转。另外,对于正在运行的电动机,若负载不变,为平衡负载的阻力矩,转子

电流会增大,从而导致定子电流增大,电动机过热,致使电动机寿命缩短甚至烧毁。

②变压器:运行中的变压器正常电压一般不得超过额定电压的 5%,电压过高会使铁芯产生过励磁,并使铁芯磁路严重饱和。铁芯及其金属夹件因漏磁增大而产生高温,严重时将损坏变压器绝缘性并使构件局部变形,缩短变压器的使用寿命。

③电热设备:电阻炉是常见的电热设备,其热能输出与端电压的平方成正比。若端电压降低 10%,热能输出将降低 19%,熔化和加热时间将显著延长,影响生产效率;若端电压升高 10%,热能输出将升高 21%,致使电热元件寿命缩短。

④电气照明灯:白炽灯电压比额定电压高 10% 时,其寿命仅为额定电压下的 30%。荧光灯的光通量约与其端电压的平方成正比。如果电压过低,荧光灯启辉困难;如果电压过高,荧光灯会因镇流器过热而缩短寿命。LED(发光二极管)灯电压过低会导致其灯光变暗,工作不正常;电压过高会导致其寿命缩短,甚至烧毁。

⑤并联电容器:并联电容器的无功输出功率与电压的平方成正比,电压偏差不超过 ±10% 时,并联电容器可长期运行。如果电压偏差长期超过 ±10%,并联电容器内部将因过负荷而导致热量增加,绝缘老化加速,介质损耗角增大,进而造成过热击穿。

⑥电阻焊机:当电压正偏差过大时,将导致焊接处热量过多,造成焊件过熔;当电压负偏差过大时,将影响电阻焊机的输出功率,致使焊接热量不够,造成虚焊。

(3)静电:电子设备往往会产生静电,对其本身产生危害。

静电的基本物理特性为:吸引或排斥,与大地有电位差,会产生放电电流。这三种特性对仪器、设备电子元件的影响主要有以下几点:①静电吸附灰尘会降低元件绝缘电阻,缩短元件寿命。②静电放电会使元件受损,不能工作(完全破坏)。③静电放电电场或电流产生的热量会使元件受伤(潜在损伤)。④静电放电产生的电磁场幅度很大(达几百伏/米),频谱极宽(从几十兆到几千兆),会对电子设备和仪器造成干扰甚至损坏。

1.1.2.2 设备安全防护的主要措施

(1)实验室供电总功率要满足室内同时用电负载的总功率,并适当留有余地,电压要与负载额定电压相符。每个实验室均应采用三相供电进户,各用电负载适当分配相路,尽量保持各相负载均衡。

(2)对于新装用电设备或新装配电盘,第一次使用前一定要认真检查,不能乱接、乱拉电线,墙上电源未经允许不得拆装、改线,接线板不能直接放在地面,不能多个接线板串联。实验室内不应有裸露的电线头,不得使用不合格或绝缘老化、损坏的线路。

(3)实验室内应使用空气开关,并配备必要的漏电保护器。

（4）电气设备和大型仪器须接地良好，对电线老化等隐患要定期检查并及时排除。发现设备漏电时，要及时修理。

（5）大型精密仪器的供电电压要稳定，一般市电供电电压波动为 220 V ± 20 V。若供电质量不符合仪器需要，应配备稳压电源，有的还要求同时具备滤波功能。

（6）启动或关闭电气设备时，必须将开关扣严或拉妥，防止出现似接非接情况。使用电子仪器设备时，应先了解其性能，再按规程操作。若电气设备出现过热现象或有糊焦味，应立即切断电源。

（7）保持电线和电气设备的干燥，防止线路和设备受潮漏电。若手上有水，绝不能接触开关、插头、插座等。实验室中不宜使用不带密封盖的水杯。

（8）当电源或电气设备的保险丝熔断时，应根据熔断的状况，初步判断原因，检查并排除故障后，再更换保险丝。不能随意增大保险丝的额定电流，更不能用铜丝代替保险丝。

（9）使用电烙铁时应注意：①不能乱甩焊锡；②焊完及时放回烙铁架，用完及时切断电源；③周围不得放置易燃物品。

（10）防静电区内铺设导电性地板，不要使用塑料、橡胶等绝缘性能好的地面材料。

（11）进入易产生静电的实验室前，应先徒手触摸一下金属接地棒，以消除人体从室外带来的静电。对于需坐着工作的场合，可在手腕上戴接地腕带。

（12）凡不停旋转的电气设备，其外壳必须接地良好。

1.1.3　电气火灾

由电气设备的过热、绝缘老化、接头松动、过载或短路等引起的火灾称为"电气火灾"。电气设备的绝缘物多由易燃物质组成，在运行中由于短路或接地事故、设备损坏产生的电弧或电火花，将周围易燃物引燃，发生火灾或爆炸，危及人身和财物安全。因此在使用电气设备时，要清楚电气火灾发生的原因，并掌握火灾发生后的正确抢救方法，以防止发生触电及爆炸事故。

1.1.3.1　电气火灾形成的原因

（1）短路：短路俗称"碰线"或"连电"，指电气线路中相线与相线、相线与零线之间短接的现象。电气线路发生短路时，电源被短接，短路点阻抗很小，故短路电流是正常电流的几十到几百倍，甚至数万倍。短路点会产生强烈的电弧和电火花放电，其温度会使金属导线熔化或蒸气化，所形成的熔珠、火星四处飞溅，不仅会使电气设备或导线外的绝缘层被烧毁,而且会引起周围的可燃物燃烧,引发电气火灾。

(2)过载:当电流流过导体时,导体因存在一定的电阻会发热,发热量的大小除与导体自身电特性有关外,还与通过导线的电流的平方成正比。一般将电路中允许连续通过而不使导线过热,不影响电气设备可靠性和电气绝缘寿命的电流称为导线的"安全载流量"。一旦电路中流过的电流值超过安全载流量,电路就会出现过载现象。当电路过载时,导体中的温度将超过该导体的极限允许温度,使外绝缘层加速老化,甚至引起绝缘层击穿,导致导体绝缘层被烧毁,引起火灾。

电路发生过载的主要原因有以下两个:①选择的导线截面过小,实际负荷远超导线的安全载流量;②在线路中加入了过多的电气设备,或加入了功率过大的电气设备等。

(3)接触电阻过大:两个载流导体为实现导电的目的,以机械的方式相互接触,以保障线路或电气设备的供电,这种接触被称为"电接触",例如电源线与电气设备连接、电源线与开关连接、保护装置和较大用电设备连接等。如果两个接触者之间接触面积过小,或者产生了金属表面膜(包括尘埃膜、氧化膜、无机膜、有机膜等)以及电化学腐蚀,引起接触部位的局部电阻增大,便可能造成接触电阻过大。如果此时电路电流很大,就会产生极大的热量,足以使金属变色甚至熔化,使绝缘层破坏,导致附近的可燃物燃烧,引发火灾。

(4)漏电:在正常运行情况下,电气线路与大地是保持绝缘的,电流在绝缘体所包围的导体内流动,不会引起灾害。但是当电路的外绝缘层因摩擦、挤压、切割、受热老化、潮湿、污染、腐蚀等受到破坏,丧失或部分丧失绝缘性能时,若遇到潮湿空气或其他导电介质,绝缘破损处就会通过水分、杂质等与大地之间形成导电途径,与电源构成回路,这种现象称为"漏电"。漏电会造成人员触电,严重时会产生漏电火花或高温,引燃易燃气体,引起火灾。

1.1.3.2 电气火灾的特点

电气火灾发生前,电线绝缘外皮会因过热而烧焦,散发出一种胶皮、塑料燃烧的难闻气味,这一现象被称为电气火灾事故的"预警信号"。

电气火灾发生时,电气设备可能仍然带电,在一定范围内存在着接触电压和跨步电压,若灭火时不注意或未采取适当的安全措施,就会引起触电事故。

电气火灾发生后,充油电气设备(如变压器、油断路器、电容器等)受热,有可能喷油甚至爆炸,造成火灾蔓延,危及灭火人员的安全。

1.1.3.3　电气火灾防范措施

（1）不要超负荷用电。使用电气设备时,电气设备的功率或总功率不能超过电源允许的功率。

（2）选用合适的电源引线、连接器件和熔丝。使用电气设备时,应当按照电气设备的额定电流选用合适的连接导线、插头以及插座等连接器件。对于大功率的电气设备,还应单独供电。

另外,在导线与导线、导线与电气设备的连接处,刀闸与熔丝的连接处等电路中有连接的地方,一定要确保接触良好,连接牢固。

（3）防止短路。电源的任意两条火线或火线与零线不能碰到一起,在电气设备中元件不能短接,进行电路检测时不要同时触碰到火线与零线。

（4）严格防火管理。在易发生火灾的场合使用电气设备时,必须加强防火管理。电气线路周围不得堆放易燃易爆物品。在进行电焊或其他会产生电弧、电火花的用电操作时,周围一定距离内不能有易燃物。在易燃易爆场合,严禁明火,使用的电气设备必须具有防爆性能。

1.2　触电急救与电气消防

1.2.1　触电急救

人触电后会出现神经麻痹、呼吸困难、血压升高、昏迷、痉挛,甚至呼吸中断、心脏停搏等情况。若未见明显致命外伤,不能轻率地认定触电者已经死亡,而应该看作是"假死",应施行急救。

有效的急救应是迅速且方法得当的。触电急救的第一步是使触电者迅速脱离电源,第二步是现场救护。

1.2.1.1　使触电者脱离电源

电流作用于人体的时间越长,对生命的威胁越大,所以触电急救的关键是首先使触电者迅速脱离电源。根据具体情况,我们可选用以下几种方法使触电者脱离电源：

（1）如果触电者因接触电气设备而触电,应立即断开近处的电源,如就近拔掉插头、断开开关。

(2)如果触电者因碰到破损的电线而触电,且附近找不到开关,可用干燥的塑料工具、木棒、竹竿以及手杖等绝缘工具把电线挑开。挑开的电线要放置妥当,以免他人再触碰到。

(3)若一时不能施行上述方法,而触电者又趴在电气设备上,可隔着干燥的衣物将触电者拉开。

在使触电者脱离电源的过程中,若触电者在高处,要防止其脱离电源后跌落而造成二次伤害。即便触电者位于平地,也要注意触电者脱离电源后倒下的方向有无其他危险。在使触电者脱离电源的过程中,施救者要用单手操作,防止自身触电。

夜间发生触电事故时,应考虑切断电源后的临时照明和警示方式,以便及时救护伤者,并防止他人重涉危险。

1.2.1.2 现场救护

触电者脱离电源后,应立即就地对其进行抢救,不可贻误。不能消极地等待医生到来,而应在现场施行正确的救护,并派人联系医务人员,做好将触电者送往医院的准备工作。

根据触电者受伤害的轻重程度,可将现场救护措施分为以下几种:

(1)触电者未失去知觉的救护措施:如果触电者受伤不严重,神志尚清醒,只是心悸、头晕、出冷汗、恶心、呕吐、四肢发麻、全身乏力,或者一度昏迷,但未失去知觉,则应让其在通风、暖和的地方静卧休息,并派人严密观察,同时请医生前来诊治或送往医院诊治。

(2)触电者已失去知觉(心肺正常)的救护措施:如果触电者已失去知觉,但呼吸和心跳正常,则应使其舒适地平卧,解开其衣服以利于呼吸,四周不要围人,保持空气流通,天气寒冷时应注意保暖,同时立即联系医务人员。若发现触电者呼吸困难或心跳失常,或发生痉挛,应立即进行人工呼吸或胸外心脏按压。

(3)"假死"者的救护措施:如果触电者出现"假死"(即电休克)现象,则可分三种情况进行救护:①若心跳停止,但尚能呼吸,应马上进行胸外心脏按压。②若呼吸停止,但心跳尚存(脉搏很弱),应马上进行人工呼吸。③若呼吸和心跳均已停止,则应同时进行人工呼吸和胸外心脏按压。如果只有一位施救者,操作时应先口对口吹气2次,然后进行15次胸外心脏按压。若有两位施救者,可以一人进行口对口人工呼吸,另一人进行胸外心脏按压。操作时,胸外心脏按压4~5次,进行口对口吹气1次。肺部充气时,不应按胸部,以免损伤肺部,降低吹气效果。

1.2.1.3　急救方法

(1)通畅气道:若触电者呼吸停止,要始终确保其气道通畅。通畅气道的操作要领如下:

①清除口中异物:使触电者仰面躺在平硬的地方,迅速解开其领扣、围巾、紧身衣和裤带。若触电者口内有食物、义齿、血块等异物,可将其身体及头部同时侧转,迅速用一根手指或两根手指交叉从口角处插入,取出异物,如图 1.4(a)所示。操作时要注意防止将异物推到咽喉深处。

②采用仰头抬颌法通畅气道:操作时,施救者一只手放在触电者前额,另一只手的手指将其下颌骨向上抬起,两手协同将头部推至后仰,如图 1.4(b)所示。此时,触电者的舌根自然随之抬起,气道即可畅通。为使触电者头部保持后仰,可在其颈部下方垫适量厚度的物品,但严禁用枕头或其他物品,因为头部抬高前倾会阻塞气道,还会使施行胸外按压时流向大脑的血量减小,甚至完全消失。

（a）清除口中异物　　　　**（b）仰头抬颌**

图 1.4　通畅气道图

(2)口对口(鼻)人工呼吸:口诀为:"张口捏鼻手抬颌,深吸缓吹口对紧;张口困难吹鼻孔,5 s 一次坚持吹。"

救护人在完成通畅气道的操作后,应立即对触电者施行口对口或口对鼻人工呼吸。口对鼻人工呼吸用于触电者嘴巴紧闭的情况。人工呼吸的操作要领如下:

①大口吹气刺激起搏:施救者蹲跪在触电者的左侧或右侧,一只手放在触电者额头上,并用手指捏住其鼻翼,另一只手的食指和中指轻轻托住触电者下巴。深吸气后,与触电者口对口紧密贴合,在不漏气的情况下,先连续大口吹气 2 次,每次 1～1.5 s;然后用手指试探触电者颈动脉是否有搏动,如仍无搏动,可判断心跳确已停止,在施行人工呼吸的同时应进行胸外按压。

②正常口对口人工呼吸:大口吹气 2 次试测颈动脉搏动后,立即转入正常的口对口人工呼吸阶段。正常的吹气频率是每分钟约 12 次(儿童每分钟 15 次,注意每次吹气量)。正常的口对口人工呼吸操作姿势如图 1.5 所示。吹气量不需过多,以免引起胃膨

胀。若触电者是儿童,吹气量应少一些,以免肺泡破裂。施救者换气时,应将触电者的鼻或口松开,让其借助自己胸部的弹性自动吐气。吹气和放松时要注意触电者胸部有无呼吸动作的起伏。若吹气时有较大的阻力,可能是头部后仰不够,应及时纠正,使气道保持畅通。

③若触电者牙关紧闭,可进行口对鼻人工呼吸。吹气时要将触电者嘴唇闭紧,防止漏气。

（a）口对口吹气　　　　　　（b）换气

图 1.5　口对口人工呼吸

（3）胸外心脏按压:胸外心脏按压是借助人力使触电者恢复心脏跳动的急救方法,其有效性在于选择正确的按压位置和采取正确的按压姿势。

①按压部位:胸部正中两乳连接水平处。

②按压姿势:触电者仰面躺在平硬的地方,仰卧姿势与口对口(鼻)人工呼吸时相同,如图 1.6 所示。施救者立或跪在触电者一侧肩旁,两肩位于触电者胸骨正上方,两臂伸直,肘关节固定不屈,两手掌相叠,手指翘起,不接触触电者胸壁。以髋关节为支点,利用上身的重力,垂直将触电者胸骨压陷 2～5 cm(成人胸骨压陷 4～5 cm,儿童压陷 3 cm,婴儿压陷 2 cm)。然后,立即放松,但施救者的掌根不得离开触电者的胸壁,按压要平稳、有规则,不能间断,不能冲击猛压。按压有效的标志是在按压过程中可以触到颈动脉搏动。

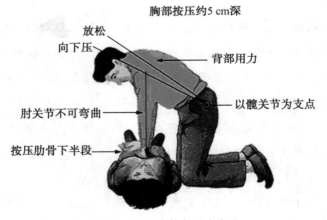

胸部按压约5 cm深

放松
向下压
　　　　　　　　　　　　　　背部用力

　　　　　　　　　　　　　　以髋关节为支点

肘关节不可弯曲

按压肋骨下半段

图 1.6　按压姿势与用力方法

③按压频率:胸外心脏按压要匀速进行,操作频率以每分钟 80 次为宜(成人每分钟

80～100次，儿童每分钟 100 次），每次包括按压和放松一个循环，按压和放松的时间相等。

1.2.2　电气消防

1.2.2.1　电气设备的防火措施

电气设备的防火措施如下：

（1）经常检查电气设备的运行情况，检查接头是否松动，有无过热现象，有无电火花，电气设备是否过载，短路保护装置性能是否可靠，设备绝缘是否良好。

（2）合理选用电气设备。在有易燃易爆物品的场所内安装、使用电气设备时，应选用防爆电气设备，绝缘导线必须密封敷设于钢管内，应按爆炸危险场所等级选用、安装电气设备。

（3）选择合适的安装位置。保持必要的安全间距是电气防火的重要措施之一。为防止电火花和危险高温引起火灾，凡能产生火花和危险高温的电气设备周围不应放置油类、棉花、木屑、木材等易燃易爆物品。

（4）保持电气设备正常运行。电气设备运行中产生的电火花和危险高温是引起电气火灾的重要原因。为防止电火花和危险高温，保证电气设备的正常运行，应由经过培训的人员操作使用和维护保养电气设备。

（5）通风。在易燃易爆场所运行的电气设备应有良好的通风条件，以降低爆炸性混合物的浓度。

（6）接地。易燃易爆场所的接地要求比一般场所高，不论电压高低，正常不带电装置均应按有关规定可靠接地。

（7）高温电热设备（如高温炉、电炉、电烙铁）一定要放在隔热的工作台上，绝不能直接放在木质等可燃材质的工作台上。需要注意的是，若将电炉置于木质工作台上，即使在电炉下方垫有耐火砖，长时间连续使用也会烤热、引燃工作台，酿成火灾事故。

1.2.2.2　电气设备的灭火规则

电气设备的灭火规则如下：

（1）发生电气火灾时，着火的电器、线路可能带电，为防止火情蔓延和灭火时发生触电事故，应立即切断电源。

（2）因情况危急无法断电，或因其他需要不允许断电，必须带电灭火时，应使用盖土、盖沙或阻燃剂不导电的灭火器（如二氧化碳灭火器、1211 灭火器、二氟二溴甲烷灭火器等)进行灭火,禁止使用泡沫灭火器灭火(因为这种灭火器的阻燃剂是导电的)。

变压器、油开关等电器着火后,有喷油和爆炸的可能,最好在切断电源后灭火。

(3)灭火人员与带电设备必须保持一定的安全距离。

1.3 电子产品安全与电磁污染

电子产品发展至今已经无处不在,且被广泛应用于人们的生产和生活中。在给人们带来便利和高科技享受的同时,电子产品的安全性(包括产品安全性能和电磁辐射污染)也越来越受人们的重视,因为它直接关系到我们的人身和财产安全。因此我们应具备基本的安全用电常识。

电子产品泛指一切与电有关的产品,包括电子信息产品、工业与家用电器设备、办公与科研电子仪器装备、医疗保健电子产品等。凡是以电作为能源的仪器设备,都需要注重用电安全,尤其是设计制造及选用电子产品时更应注意电子产品安全。

(1)电子产品的设计制造包括从产品市场调查研究、设计、加工到产品销售、服务和回收等一系列环节。作为电子产品的设计制造者,从电子制造企业的管理者、工程技术人员到普通员工,都应保证产品的安全性。特别是电子产品的设计者,对于产品的安全性负有不可推卸的直接责任。无论来自市场的成本压力多大,产品设计周期要求多短,工作多么繁忙,产品多么简单,电子产品的设计者永远都不能忽视和忘记电子产品的安全。

要保证电子产品安全,设计是第一步,也是最关键的环节。安全设计的依据是电子产品安全标准。安全性能的实现取决于产品原材料的质量和制造工艺,安全性能的保证取决于有关安全可靠性的检测和认证。按照国家规定,如果电子产品由于设计和制造问题而造成人员伤亡,要依法追究相关人员的刑事责任。

(2)电子产品的使用几乎涉及每一个人,虽然不可能要求每个人都了解所使用的电子产品和相关安全知识,但懂得基本安全用电常识、学会自我保护是非常必要的,也是容易做到的。除了本章前述有关安全用电常识外,关于电子产品安全,我们还应该了解和做到以下几点:

①购买电子产品时要选择正规的电器公司和商店,注意产品是否有安全认证标志,查看产品合格证和销售凭据,检查电子产品的电源线和插头是否规范完好。

②使用电子产品前要仔细阅读说明书,使用复杂精密仪器设备前要经过必要的培

训,按照规范操作使用。

③电子产品一般都有使用寿命,超过使用寿命的电子产品不仅故障率升高、使用性能不能保证,而且由于产品材料老化、零部件老化以及环境腐蚀等因素,存在安全隐患,应该及时报废。

1.3.1 电子产品的安全标准及认证

1.3.1.1 电子产品的安全标准

为保证电子产品的安全性,所有企业在从事产品设计、制造、检验、包装时都必须遵守一个共同的安全规范,即安全标准。

自 20 世纪 80 年代起,电子产品安全标准逐渐成为各国市场准入的重要依据,在国际贸易、市场准入、产业发展中扮演着重要的角色。为促进国际贸易,消除国际间的贸易壁垒,世界贸易组织规定,成员国有义务在制定国家标准时采用国际标准。但对于与人身和财产安全相关的标准,各国可依据 WTO-TBT(世界贸易组织-技术性贸易壁垒)协议的相关规定,以各国的气候、地理、基础设施条件为基础制定本国标准,以保障制定的标准能切实有效地维护消费者权益。

(1)国际标准:目前,国际上有两大安全标准体系,分别为 IEC(国际电工委员会)标准体系和 UL(美国保险商试验所)标准体系。这两个标准体系是两个平行执行的标准体系,对产品安全性要求的着重点不同,内容也存在差异。IEC 标准体系重视产品的防触电性能,UL 标准体系重视产品的防火性能,两个标准体系没有高低之分,不能互相替代。

IEC 标准体系是以北欧、西欧国家为主体,在 IEC 组织内建立的,按电气设备安全标准对产品进行检验,并对试验结果互相认可的认证体系,其成员国以 IEC 标准为检验依据。

UL 标准体系是美国、加拿大等北美国家遵守的安全标准体系。UL 是美国保险商试验所(Underwriter Laboratories Inc.)的简称,该试验所已有一百多年的历史,在世界各地建立了良好的信誉并产生了深远影响。许多国家都采用 UL 标准体系,且大部分标准被确认为美国国家标准(ANSI)。

(2)国内标准:作为 IEC 的成员单位,中国也采用 IEC 标准体系。我国对于国际安全标准的采用等级为等同采用。由于我国安全认证工作起步较晚,因此安全标准体系还在不断的修订和完善中。

1.3.1.2 电子产品的安全认证

认证是指由可以充分信任的第三方机构证实某一经鉴定的产品或服务符合特定标准或规范性文件的活动。电子产品的安全认证是国际上广泛采用的保护电子产品消费者权益、维护消费者人身财产安全的基本做法。通过认证的产品可获得相应国家和地区入市资格的有效通行证,是生产企业对自己产品的一种安全承诺。

以下为几种主要的电子产品安全认证:

(1)CCC(China Compulsory Certification)——中国强制性产品认证:中国强制性产品认证是国家对 19 类 132 种涉及健康安全、公共安全的电气产品所要求的认证标志。目前,CCC 已逐步取代原来实行的 CCEE 认证(中国电工产品认证委员会认证,通常称为"长城标志")、CCIB 认证(中国商检认证)及 EMC 认证(电磁兼容认证)。CCC 的标志如图 1.7 所示。

图 1.7 CCC 的标志

(2)UL 认证——美国保险商试验所认证:UL 是美国最有权威的认证机构,也是世界上从事安全试验和鉴定的较大的民间机构。它是一个独立的、非盈利的、为公共安全做试验的专业机构。对于进入美国市场的产品,很多都需要有 UL 认证的标志。UL 认证的标志如图 1.8 所示。

图 1.8 UL 认证的标志

(3)CE(Conformite Europeenne)认证——欧盟统一认证:CE 认证属于强制性认证,不论是欧盟内部企业生产的产品,还是其他国家生产的产品,要想在欧盟市场上自由流通,都必须通过 CE 认证,以表明产品符合欧盟《技术协调与标准化新方法》的基本要求。

CE 认证的标志如图 1.9 所示。

图 1.9　CE 认证的标志

（4）FCC（Federal Communications Commission）认证——美国联邦通信委员会认证：FCC 于 1934 年建立，是美国一个独立的政府机构，直接对国会负责，通过控制无线电广播、电视、电信、卫星和电缆来协调国内和国际的通信，管理进口和使用无线电频率装置，包括电脑、传真机、电子装置、无线电接收和传输设备、无线电遥控玩具、电话以及其他可能伤害人身安全的产品。凡进入美国的电子类产品都需要进行 FCC 认证。FCC 认证的标志如图 1.10 所示。

图 1.10　FCC 认证的标志

（5）GS 认证——德国安全性认证：GS 的含义是德语"Geprufte Sicherheit"（安全性已认证），也有"Germany Safety"（德国安全）的意思。GS 认证以《德国产品安全法》（GPGS）为依据，是按照欧盟统一标准或德国工业标准进行检测的一种自愿性认证，是欧洲市场公认的德国安全认证标志。德国要求，产品在满足 GS 认证的同时，也要满足 CE 认证的要求。GS 认证的标志如图 1.11 所示。

图 1.11　GS 认证的标志

此外，常见的安全认证还有 PCT 认证（俄罗斯）、CSA 认证（加拿大）、EK 认证（韩国）、PSE 认证（日本）、Nordic 认证（北欧四国）、SASO 认证（沙特阿拉伯）等。总之，大部分国家和地区都有自己的认证标准、认证机构和认证标志，并将其作为电子产品进入本国、本地区销售流通的强制性条件，以保护本国、本地区公民的合法权益。

1.3.2　电磁污染与防护

随着电子信息技术的飞速发展，电子设备的应用愈加广泛。可以说，各行各业都离不开电子设备。尤其是使用频率较高的通信、雷达、电视、广播、导航等设备，为了覆盖较大的范围，需要向空间辐射能量很强的电磁波。于是，众多的电磁辐射、宽广的辐射频谱使人类居住的环境中的电磁辐射陡然增多，过量的电磁辐射会直接影响人类的生存环境和身体健康，干扰电子设备、仪器的正常工作，造成电磁污染。对此，必须加以限制与防护，以免给人身安全和设备安全带来危害。

1.3.2.1　电磁污染的危害

（1）电磁污染对人体的危害：电磁污染对人体的危害主要有热效应、非热效应和累积效应等。

①热效应：高频电磁波会直接对生物肌体细胞产生"加热"作用。由于高频电磁波可穿越生物表层直接对内部组织"加热"，而人体内部组织散热困难，所以往往从人体表面看不出什么，而内部组织已严重"烧伤"。由热效应引起的体温升高会直接影响人体器官的正常工作，对心血管系统、视觉系统、生育系统等都有一定的影响。

②非热效应：当人体受到低频电磁波辐射时，体温虽未明显升高，但人体固有的微弱电磁场已被干扰，其平衡状态遭到破坏，使血液、淋巴液和细胞原生质发生变化，造成细胞内的脱氧核糖核酸受损和遗传基因突变，进而引起系列疾病（如白血病、癌症、婴儿畸形等）。非热效应包括物理效应（电效应）和化学效应。目前很多专家学者认为，电磁场对人体组织产生的化学效应远远大于热效应。

③累积效应：上述两种效应作用于人体后，若人体受到的伤害还未修复，再次受到电磁辐射的作用，其伤害程度会发生累积。累积效应具有长期性，严重时可危及生命。

（2）电磁污染对生态的影响：电磁污染不仅对人体有害，对动植物同样有害。有研究发现，一些大型电磁发射系统的设置不仅会给周围居民造成危害，而且会对周围的绿化植物产生严重影响，甚至会导致它们大面积死亡。此外，一些动物的迁移也是为了避开电磁辐射的干扰。因此电磁辐射还会使原有的食物链发生变化，最终导致生态平衡失调。

（3）电磁污染对设备的干扰：随机发生、无法预测的电磁辐射可以直接干扰电子设备，导致设备性能降低，出现不良后果（如信息失真、控制失灵、系统可用性降低等），严重时还会引发事故。

1.3.2.2　电磁污染的防护

为消除电磁辐射对人体、环境和设备的影响,合理应用一些控制电磁辐射的技术措施,防治电磁辐射污染,是非常有必要的。电磁污染的防护措施主要有:

(1)电磁屏蔽:电磁屏蔽是防治电磁辐射污染的主要措施。高频电磁屏蔽装置由铜、铝或钢制成,当电磁波进入金属内部时,会产生能量损耗,一部分电磁能将转变为热能被释放。随着电磁波进入导体的深度增加,能量逐渐减小,电磁场逐渐减弱。显然,导体表面场强最大。这种现象就是电磁辐射的集肤效应。电磁屏蔽就是利用这一效应进行工作的。

电磁屏蔽有主动场屏蔽和被动场屏蔽两种:①主动场屏蔽是指将场源置于屏蔽体内,将电磁场限制在某一范围内,使其不对屏蔽体以外的工作人员或设备产生影响。②被动场屏蔽包括设置屏蔽室、进行个人防护等方式。这种屏蔽方式是将场源置于屏蔽体(或屏蔽部件)之外,使屏蔽体(或屏蔽部件)内不受电磁场的干扰或污染。

(2)高频接地:高频接地的作用是将屏蔽体(或屏蔽部件)内电磁感应生成的射频电流迅速导入大地,使屏蔽体(或屏蔽部件)本身不致成为射频的二次辐射源,从而保证屏蔽效率。地面下的管道(如水管)是可以充分利用的自然接地体。利用地下管道进行高频接地简单易行,费用比较低,但是接地电阻较大,只适用于屏蔽要求不高的场合。

(3)滤波技术:滤波是抑制电磁干扰的最有效手段之一。线路滤波的作用就是确保有用信号通过,并拦截无用信号。

(4)吸收反射:选用适宜的电磁辐射防护材料,利用其对电磁辐射的吸收或反射特性,可大大衰减电磁辐射。此外,树木对电磁能量也有很强的吸收作用。在电磁场区,大面积种植树木,增强电磁波在媒介中的传播衰减作用,可以有效减弱电磁辐射的影响。

此外,人们还要加强个体防护意识,尽可能与辐射源保持足够的安全距离,防患于未然。当必须进入辐射源污染区时,应注意穿戴防护头盔、防护衣、眼罩等防护用品。

第二章　电子元器件的识别与检测

2.1　电子元器件简介

任何一个电子装置、设备或系统都是由电子元器件组成的,电子元器件是电路中具有独立电气性能的基本单元。在电路原理图中,电子元器件是一个个抽象概括的图形符号。在实际电路中,电子元器件是一个个具有不同几何形状、物理性能、安装要求的具体实物。这些电子元器件类型与参数的选择是否正确、使用是否合理,将决定电子设备技术性能的优劣。为了能正确地选择和使用电子元器件,我们必须掌握它们的性能、结构、主要参数等相关知识,以便使用时得心应手。

2.1.1　电子元器件的概念与分类

电子元器件是具有独立电路功能、构成电路的基本单元,包括通用的阻抗元件(电阻、电容、电感)、半导体分立器件、集成电路、机电元件(连接器、开关、继电器等)以及各种专用元器件(电声器件、光电器件、敏感器件、显示器件、压电器件、磁性元器件以及电池等)。

电子元器件有多种分类方式,可应用于不同的领域和范围。

(1)按电路功能,电子元器件可分为分立器件和集成器件。

分立器件:分立器件指具有一定电压电流关系的独立器件,包括基本的阻抗元件、机电元件以及半导体分立器件(二极管、晶体管、晶闸管)等。

集成器件:集成器件通常被称为"集成电路",是一个完整的功能电路或系统采用集成制造技术制作在一个封装内,组成具有特定电路功能和技术参数指标的器件。

　　分立器件与集成器件的区别：分立器件只具有简单的电压电流转换或控制功能，不具备电路的系统功能；集成器件可以组成完全独立的电路或系统功能。实际上，具有系统功能的集成电路已经不是简单的"器件"和"电路"，而是一个完整的产品，例如数字电视系统已经将全部电路集成在一个芯片内。

　　（2）按工作机制，电子元器件可分为无源元件和有源元件。无源元件与有源元件也称为无源器件与有源器件，一般用于电路原理讨论。

　　无源元件：无源元件指工作时只消耗元件输入信号的电能，本身不需要电源就可以进行信号处理和传输的元件。无源元件包括电阻、电位器、电容、电感以及二极管等。

　　有源元件：有源元件正常工作的基本条件是必须向元件提供相应的电源，如果没有电源，元件将无法工作。有源元件包括三极管（又称"晶体三极管""双极型晶体管"）、场效应管、集成电路以及电真空元件等，大部分都是以半导体为基本材料构成的元器件。

　　（3）按封装形式，电子元器件可分为直插式元器件和表贴式元器件。在表面组装技术出现以前，所有元器件都是以插装的方式组装在电路板上。在表面组装技术应用越来越广泛的当代，大部分元器件都有插装与贴装两种封装形式，部分新型元器件已经淘汰了插装式封装。

　　直插式元器件：直插式元器件指组装到印制电路板上时需要在印制电路板上打通孔，引脚在印制电路板另一面需要焊接的元器件，通常有较长的引脚和较大的体积。

　　表贴式元器件：表贴式元器件指组装到印制电路板上时无须在印制电路板上打通孔，引脚直接贴装在印制电路板铜箔上的元器件，通常是短引脚或无引脚片式结构。

　　（4）按使用环境，电子元器件可分为民用品、工业品和军用品。电路元器件种类繁多，随着电子技术和工艺水平的不断提高，大量新型器件不断涌现。对于不同的使用环境，同一器件有不同的可靠性标准。相应的，它也有不同的价格。例如，同一器件军用品的价格可能是民用品的十倍甚至更多，而工业品往往介于两者之间。

　　民用品：可靠性一般，价格较低，应用在家用、娱乐、办公等领域。

　　工业品：可靠性较高，价格一般，应用在工业控制、交通、仪器仪表等领域。

　　军用品：可靠性很高，价格较高，应用在军工、航空航天、医疗等领域。

　　在实际应用中，电子工艺对元器件既不按纯学术概念划分，也不按行业分工划分，而是按元器件的应用特点来划分。

2.1.2　电子元器件的发展趋势

　　现代电子元器件正在向微小型化、集成化、柔性化和系统化方向发展。

（1）微小型化：元器件的微小型化一直是电子元器件的发展趋势，从电子管、晶体管到集成电路，都是沿着这样一个方向发展。各种移动产品、便携式产品不断出现，以及航空航天、军工、医疗等领域对产品微小型化、多功能化的要求越来越强烈，促使电子元器件越来越微小型化。

但是，元器件的微小型化不是无限的。片式元件 01005 封装的出现使这类元件的微小型化几乎达到极限，集成电路封装的引线节距达到 0.3 mm 后也很难再减小。为了产品微小型化，人们不断探索新型高效元器件、三维组装方式和微组装方式等新技术、新工艺，将产品微小型化不断推向新的高度。

（2）集成化：元器件的集成化是微小型化的主要手段，但集成化不仅仅是使元器件微小型化。集成化的最大优势在于实现成熟电路的规模化生产，从而实现电子产品迅速普及和发展，不断满足信息化社会的各种需求。集成电路从小规模、中规模、大规模到超大规模的发展只是一个方面。无源元件集成化，无源元件与有源元件混合集成化，不同半导体工艺器件集成化，光学与电子集成化，机、光、电元件集成化等，都是元器件集成化的形式。

（3）柔性化：元器件的柔性化是近年出现的元器件发展新趋势，也是硬件产品软件化的新概念。可编程逻辑器件（PLD）的发展，特别是复杂可编程逻辑器件（CPLD）、现场可编程门阵列（FPGA）以及可编程模拟电路（PAC）的发展，使得元器件本身只是一个硬件载体，载入不同程序就可以实现不同的电路功能。可见，现在的元器件已经不是纯硬件了，软件器件以及相应的软件电子学的发展极大拓展了元器件的应用柔性化，适合现代电子产品个性化、小批量、多品种的柔性化趋势。

（4）系统化：元器件的系统化是随着系统级芯片（SOC）、系统级封装（SIP）和系统级可编程芯片（SOPC）的发展而发展起来的。元器件可通过集成电路和可编程技术，在一个芯片或封装内实现一个电子系统的功能，例如数字电视 SOC 可以实现从信号接收、处理到转换为音视频信号的全部功能，一个芯片就可以实现一个产品的功能。元器件的系统化使得元器件、电路和系统之间的界限逐渐模糊。

集成化、系统化可简化电子产品的原理设计，但有关工艺方面的设计（如结构、可靠性、可制造性等）更为重要。另外，传统的元器件并不会消失，在很多领域还是大有可为的。从学习角度看，基本的半导体分立器件、基础的三大元件仍然是入门学习的基础。

2.2　电抗元件

电抗元件包括电阻（含电位器）、电容和电感（含变压器）。它们在电子产品中的应用非常广泛，特别是电阻和电容，往往占一个产品元器件数量的 50% 以上，所以也称它们为三大基础元件。

2.2.1 电阻

2.2.1.1 电阻及其分类

电阻是电子设备的主要元件之一,在电子设备中占元器件总数的30%以上,其质量好坏对电路工作的稳定性有极大的影响。在电路中,电阻的主要作用是稳定和调节电路中的电流和电压,以及作为分流器、分压器和消耗能量的负载等。

电阻有固定式和可变式两种。固定式电阻一般简称为"电阻";可变式电阻又有滑线式变阻器和电位器两种,其中应用最广的是电位器。电阻和电位器的外形及电路符号如图2.1所示。

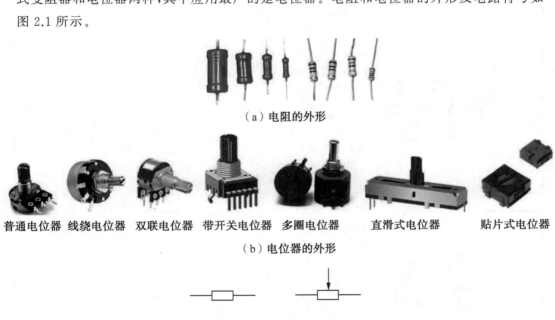

（a）电阻的外形

普通电位器　线绕电位器　双联电位器　带开关电位器　多圈电位器　　直滑式电位器　　贴片式电位器

（b）电位器的外形

（c）电阻（左）和电位器（右）的电路符号

图 2.1　电阻和电位器的外形及电路符号

电位器是一个可连续调节的可变电阻。电位器一般有三个引出端,其中两个为固定端,另一个为滑动端,活动端在固定电阻体上滑动可以获得与转角或位移成一定比例的电阻值。人们习惯将有手柄、易于调节的可变电阻称为"电位器",将没有手柄或调节不方便的可变电阻称为"可调电阻"(或微调电位器)。

根据所用材料不同,电位器可分为线绕电位器和非线绕电位器。根据结构不同,电位器可分为单圈电位器,多圈电位器,单联、双联和多联电位器,带开关电位器,锁紧和非锁紧电位器。根据调节方式不同,电位器还可分为旋转式电位器和直滑式电位器。

电位器多用作分压器,接法如图2.2(a)所示。它的一种特殊使用形式是接成两端元件,构成可变电阻,接法如图 2.2(b)所示。可见,分压器与可变电阻(变阻器)是使用方法不同演变出的不同称谓,有时候统称为"可变电阻"。另外,有些电位器还附有开关。电位器的分类及参数如表 2.1 所示。

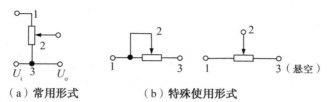

（a）常用形式　　　　　　　　（b）特殊使用形式

图 2.2　电位器的接法

表 2.1　电位器的常用分类及参数

名称	外形	结构	阻值	功率	特点	应用
合成膜电位器		采用碳膜、石墨、石英粉和有机粉合剂等配成悬浮液,涂在玻璃釉纤维板和胶纸上制作而成	100 Ω～4.7 MΩ	0.1～2 W	优点:阻值范围宽,分辨率高,寿命长,价格低,型号多;缺点:电流噪声、非线性大,耐潮性、阻值稳定性差	可用于民用中低档产品、一般仪器仪表电路
有机实芯电位器		将炭黑、石英粉、有机黏合剂等材料混合加热,然后再压入塑料基体,经加热聚合而成	100 Ω～4.7 MΩ	0.25～2 W	优点:耐热性好,可靠性高,耐磨性好,体积小,功率大;缺点:温度系数大,滑动噪声大,耐湿性差,制造工艺复杂,阻值精度较差	既可用于有小型化、高可靠性、高耐磨性要求的电子设备,也可用于交、直流电路中调节电压、电流
金属膜电位器		由金属合金膜、金属氧化膜、氧化钽膜等几种材料通过真空技术沉积在陶瓷基体上制成	10 Ω～100 kΩ	0.25～0.75 W	优点:分辨率高,耐热性好,温度系数小,滑动噪声小,平滑性好;缺点:耐磨性差,阻值范围小	可用于要求较高的各种电路和高频电路,特别是微调电路

续表

名称	外形	结构	阻值	功率	特点	应用
绕线电位器		由电阻丝缠绕在环状骨架绝缘物上制成	4.7 Ω ～ 100 kΩ	0.25 ～ 50 W	优点：功率大，精度高，温度系数小，耐热性好，可靠性高；缺点：分辨率低，耐磨性差，高频特性差，价格较高	可用于高温、大功率电路及精密调节电路，可在电路中作为分压器、变压器，也可用于仪器中调零和调整工作点
数字电位器		把一串电阻集成到一个芯片内部，采用 MOS（金属-氧化物-半导体）管控制电阻串联	1 Ω ～ 100 kΩ	1 ～ 16 mW	优点：调节精度高，无噪声，寿命长，易数字化，体积小；缺点：温度系数大，额定阻值差大，通频带较窄	广泛应用于仪器仪表、计算机及通信设备、家用电器、医疗保健产品、工业控制等领域

2.2.1.2　电阻的型号命名法则

电阻的型号命名法则如表 2.2 所示。

表 2.2　电阻的型号命名法则

第一部分		第二部分		第三部分		第四部分
用字母表示主称		用字母表示材料		用数字或字母表示分类		用数字表示序号
符号	意义	符号	意义	符号	意义	
R	电阻	T	碳膜	1	普通	
R_W	电位器	P	硼碳膜	2	普通	
		U	硅碳膜	3	超高频	
		H	合成膜	4	高阻	
		I	玻璃釉膜	5	高温	
		J	金属膜（箔）	6	精密	
		Y	氧化膜	7	精密	

第一部分	第二部分		第三部分		第四部分
用字母表示主称	用字母表示材料		用数字或字母表示分类		用数字表示序号
	S	有机实芯	8	高压或特殊函数	
	N	无机实芯	9	特殊	
	X	线绕	G	高功率	
	R	热敏	T	可调	
	G	光敏	X	小型	
	M	压敏	L	测量用	
			W	微调	
			D	多圈	

注:第三部分的数字"8"对于电阻来说表示"高压",对于电位器来说表示"特殊函数"。

2.2.1.3　电阻与电位器的主要性能指标

(1)电阻的主要性能指标如下:

①额定功率:电阻的额定功率是指在规定的环境温度和湿度下,假定周围空气不流通,在长期连续负载而不损坏或基本不改变性能的情况下,电阻上允许消耗的最大功率。当超过额定功率时,电阻的阻值将发生变化,甚至发热烧毁。为保证安全工作,一般选额定功率比在电路中消耗的功率高 1~2 倍的电阻。

额定功率共分 19 个等级,其中常用的有 1/20 W、1/8 W、1/4 W、1/2 W、1 W、2 W、4 W、5 W 等。在电路图中,非线绕电阻额定功率的符号表示法如图 2.3 所示。

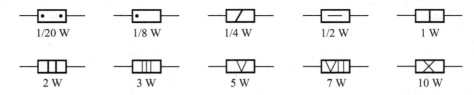

图 2.3　非线绕电阻额定功率的符号表示法

②电阻的容许误差等级和标称阻值:容许误差是指电阻实际阻值对于标称阻值的最大允许偏差范围,表示产品的精度。容许误差等级如表 2.3 所示。线绕电位器的允许误差一般小于±10%,非线绕电位器的允许误差一般小于±20%。

标称阻值是标在产品上的"名义"阻值,其单位有欧(Ω)、千欧(kΩ)和兆欧(MΩ)。标称阻值的系列值如表 2.4 所示。

表 2.3 容许误差等级

容许误差	±0.5%	±1%	±5%	±10%	±20%
级别	005	01	Ⅰ	Ⅱ	Ⅲ

表 2.4 标称阻值的系列值

容许误差	系列代号	系列值																					
±20%	E6	10		15		22		33		47		68											
±10%	E12	10	12	15	18	22	27	33	39	47	56	68	82										
±5%	E24	10	11	12	13	15	16	18	20	22	24	27	30	33	36	39	43	47	51	56	62	68	75	82	91

　　任何电阻的标称阻值均应符合表 2.4 中的系列数值或系列数值乘以 10^n，其中 n 为正整数或负整数。

　　电阻的阻值和误差一般都用数字标印在电阻上，但体积很小的电阻及某些合成电阻的阻值和误差常用色环来表示，如图 2.4 所示。从靠近电阻的一端开始，画有四道或五道（精密电阻）色环：第 1、2 道色环以及精密电阻的第 3 道色环分别表示有效数字的数字位，其后的一道色环为倍乘数，表示有效数字再乘以 10 的方次，最后一道色环表示阻值的允许误差。色环和电阻的阻值与误差的关系如表 2.5 所示。

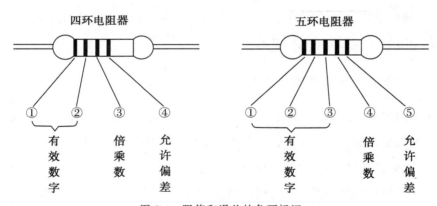

图 2.4 阻值和误差的色环标记

表 2.5 色环和电阻的阻值与误差的关系

色别	黑	棕	红	橙	黄	绿	蓝	紫	灰	白	金	银	本色
对应数值	0	1	2	3	4	5	6	7	8	9			
倍乘数	10^0	10^1	10^2	10^3	10^4	10^5	10^6	10^7	10^8	10^9	10^{-1}	10^{-2}	
误差		±1%	±2%			±0.5%	±0.25%	±0.1%	±0.05%		±5%	±10%	±20%

表 2.5 列出了色环所代表的数值大小。例如,四色环电阻的第 1、2、3、4 道色环分别为棕色、绿色、红色和金色,则其电阻值为

$$R = 15 \times 10^2 = 1500(\Omega)$$

误差为 ±5%,则该电阻阻值为 1.5 kΩ±75 Ω。

③最高工作电压:最高工作电压是由电阻最大电流密度、击穿电压及其结构等因素所决定的工作电压限度。对于阻值较大的电阻,当工作电压较高时,虽然功率不超过额定值,但内部会发生电弧火花放电,导致电阻变质损坏。

(2)电位器的主要性能指标如下:

①标称阻值:电位器的标称阻值指电位器的最大电阻值。例如,标称阻值为 500 Ω 的电位器,其阻值可在 0～500 Ω 内连续变化。

②允许偏差:电位器的允许偏差指电位器实际阻值对于标称阻值的最大允许偏差范围。根据不同精度等级,电位器的允许偏差有 ±20%、±10%、±5%、±2%、±1%,精密电位器的精度可达 ±0.1%。

③额定功率:电位器的额定功率指电位器两个固定端允许耗散的最大功率。使用电位器时应注意,滑动端与固定端之间所承受的功率应小于额定功率。

④机械零位电阻:机械零位电阻只是理论上的机械零位。在实际应用中,由于接触电阻和引出端的影响,机械零位电阻一般不是零。在某些对机械零位电阻有要求的应用场合,应选用电阻尽可能小的电位器。

2.2.1.4　电阻与电位器的简单测试

(1)电阻的简单测试:首先应对电阻进行外观检查,即查看外观是否完好无损、结构是否完好、标志是否清晰。对于接在电路中的电阻,若表面漆层变成棕黄色或黑色,则表示电阻可能过热甚至烧毁,应对其进行重点检查。

测量电阻阻值的方法有很多,可用欧姆表、电阻电桥和数字欧姆表直接测量,也可根据欧姆定律,测量通过电阻的电流及电阻两端的压降间接测量。数字式万用表可以方便、准确地检测电阻,测量时要注意以下几点:

①测量前应先切断电阻与其他元器件的连接,以免其他元器件影响测量的准确性。

②应选择刚好比标称阻值大的量程。然后,将万用表的两个表笔分别接到被测电阻的两个引脚上,根据屏幕所显示的数值读数。若屏幕显示"OL"或最高位显示"1",则表示所测电阻超出量程,应把量程调大,再重新测量。

③测量小阻值电阻时，应减去表笔零位电阻（即在 200 Ω 挡时表笔短接有极小的电阻，是允许误差）。

④测量时不能用双手同时捏住电阻或表笔金属头，否则人体电阻会与被测电阻并联。

⑤若电阻引脚不洁净，须处理后再测量。

用指针万用表检测电阻时，应根据电阻的标称阻值选择电阻挡的适当量程。若标称阻值未知，则先选择最高量程，然后根据测量情况，再选择适当量程。为了保证测量结果的准确，每次调整量程后都需要调零。测量时，将万用表的两个表笔分别接到被测电阻的两个引脚上，根据所调量程和指针所指的刻度读数。一般地，指针指向满刻度的 1/2～2/3 范围时读数最准确，若指针太偏向某一边，可调整量程后再测量。

(2)电位器的简单测试：首先应对电位器进行外观检查。先查看其外形是否完好，表面是否有污垢、凹陷或缺口，标志是否清晰。然后慢慢转动转轴，转动应平滑、松紧适当、无机械杂音。带开关的电位器还应检查开关是否灵活，接触是否良好，开关接通时的"磕碰"声应当清脆。用万用表测试电路中的电位器前，应先切断电位器与其他元器件的连接，以免其他元器件影响测试的准确性。然后，用万用表电阻挡对电位器进行测试。

①测量两固定端的电阻值，此值应符合标称阻值，在允许偏差范围以内。

②测量中心抽头（即活动端）与电阻片的接触情况。转动转轴，用万用表检测此时固定端与活动端之间的阻值是否连续、均匀地变化，若变化不连续，则说明接触不良。

③测量机械零位电阻（即固定端与活动端之间的最小阻值）：此值应接近零。

④测量极限电阻（即固定端与活动端之间的最大阻值），此值应接近电位器的标称阻值。

⑤测量各端子与外壳、转轴之间的绝缘，看其绝缘电阻是否足够大。

2.2.1.5　选用电阻的常识

(1)根据电子设备的技术指标和电路的具体要求选用电阻的型号和误差等级。

(2)为提高设备的可靠性，延长其使用寿命，应选用额定功率大于实际消耗功率 1.5～2 倍的电阻。

(3)电阻装接前应进行测量、核对，尤其是在精密电子仪器设备中装配时，还需经人工老化处理，以提高稳定性。

(4)在装配电子仪器时，若使用非色环电阻，则应将电阻标称阻值标志朝上，且标志顺序要一致，以便观察。

(5)焊接电阻时，烙铁停留时间不宜过长。

　　(6)若电路中需串联或并联电阻来获得所需要的阻值,应考虑其额定功率。阻值相同的电阻串联时,额定功率等于各个电阻额定功率之和。阻值不同的电阻串联时,额定功率取决于高阻值电阻;阻值不同的电阻并联时,额定功率取决于低阻值电阻。

2.2.2　电容器

2.2.2.1　电容器的种类

　　电容器是一种储存电能的元件,能把电能转换为电场能储存起来,在电路中有阻直流、通交流的作用,主要用于调谐、滤波、耦合、旁路和能量转换等。

　　按电容量是否可调及结构形式,电容器可分为固定电容器、可变电容器和微调(半可变)电容器三种。电容器在电路中的符号如图 2.5 所示,各种电容器外形如图 2.6 所示。

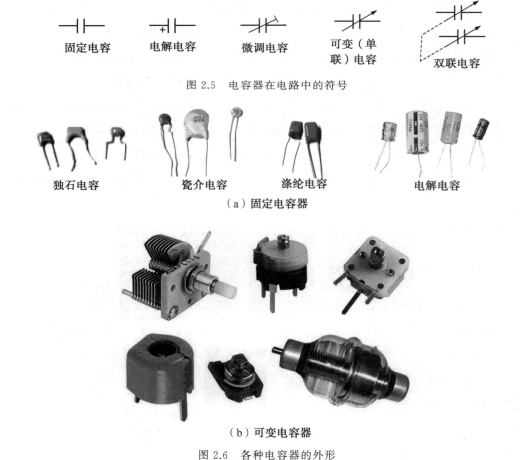

固定电容　　电解电容　　微调电容　　可变(单联)电容　　双联电容

图 2.5　电容器在电路中的符号

独石电容　　　瓷介电容　　　涤纶电容　　　　电解电容

(a)固定电容器

(b)可变电容器

图 2.6　各种电容器的外形

2.2.2.2 电容器的型号命名法

电容器的型号命名法和电阻的型号命名法一样,由主称、材料、分类和序号四部分组成。电容器主称、材料部分的符号及意义如表 2.6 所示。

例如,型号为 CCG1-63V-0.01FⅡ的电容器的各个符号的含义如表 2.7 所示。由表可以看出,该电容器高功率高频瓷介电容器,耐压 63 V,标称容量为 0.01 μF,容许误差为±20%。

表 2.6 电容器主称、材料部分的符号及意义

主称		材料	
符号	意义	符号	意义
C	电容器	C	高频瓷
		T	低频瓷
		I	玻璃釉
		O	玻璃膜
		Y	云母
		V	云母纸
		Z	纸介
		J	金属化纸
		B	聚苯乙烯等非极性有机薄膜
		L	涤纶等极性有机薄膜
		Q	漆膜
		H	纸膜复合
		D	铝电解
		A	钽电解
		G	金属电解
		N	铌电解
		E	其他材料电解

表 2.7   CCG1-63V-0.01FⅡ电容器的符号含义

符号	C	C	G	1	63 V	0.01 F	Ⅱ
含义	主称	材料	分类	序号	耐压	标称容量	容许误差
表示意义	电容器	高频瓷	高功率	—	63 V	0.01 μF	Ⅱ级±20%

2.2.2.3   电容器的主要性能指标

(1)电容量：电容量是指电容器加上电压后，其储存电荷的能力，常用的单位有F、μF、pF，三者的关系为

$$1 \text{ pF} = 10^{-6} \text{ μF} = 10^{-12} \text{ F}$$

一般地，电容器上直接写出其容量，但也有用数字来标志容量的。例如，有的电容器上只标出"332"三位数，左起两位数字给出电容量的第1、2位数字，第3位数字则表示附加零的个数，以 pF 为单位。因此，"332"表示该电容器的电容量为 3300 pF。

(2)标称电容量：标称电容量是指标在电容器上的"名义"电容量。我国固定电容器的标称电容量系列为 F24、E12、E6。电解电容器的标称容量参考系列为 1、1.5、2.2、3.3、4.7、6.8(单位为 μF)。

(3)允许误差：允许误差是指实际电容量对于标称电容量的最大允许偏差范围。固定电容器的允许误差等级如表 2.8 所示。

表 2.8   固定电容器的允许误差等级

级别	01	02	Ⅰ	Ⅱ	Ⅲ	Ⅳ	Ⅴ	Ⅵ
允许误差	±1%	±2%	±5%	±10%	±20%	−30%～+20%	−20%～+50%	−10%～+100%

(4)额定工作电压：额定工作电压是电容器在规定的工作温度范围内，长期、可靠地工作所能承受的最高电压。常用固定电容器的直流工作电压系列有 6.3 V、10 V、16 V、25 V、40 V、63 V、100 V、250 V 和 400 V。

(5)绝缘电阻：绝缘电阻是指加在电容器上的直流电压与通过它的漏电流的比值。绝缘电阻一般应在 5000 MΩ 以上，优质电容器可达太欧($1 \text{ TΩ} = 10^{12} \text{ Ω}$)级。

(6)介质损耗：理想的电容器应没有能量损耗，但实际上电容器在电场的作用下，总有一部分电能转换为热能。所损耗的能量称为"电容器损耗"，包括金属极板的损耗和介质损耗两部分。小功率电容器的损耗主要是介质损耗。

介质损耗是指介质缓慢极化和介质电导所引起的损耗，通常用损耗功率和电容器的无功功率之比，即损耗角 δ 的正切值来表示。

$$\tan \delta = \frac{损耗功率}{无功功率}$$

在同容量、同工作条件下,损耗角越大,电容器的损耗也越大。损耗角大的电容器不适合在高频情况下工作。

2.2.2.4　电容器的检测

用万用表的电容挡可直接检测电容器:将已放电的电容器两引脚通过表笔连接到表盘上的 Cx 插孔,选取适当的量程后就可读取显示数据。

挡位选择:①2000p 挡,适宜测量小于 2000 pF 的电容器;②20n 挡,适宜测量2000 pF～20 nF的电容器;③200n 挡,适宜测量 20～200 nF 的电容器;④2μ 挡,适宜测量 200 nF～2 μF 之间的电容器;⑤20μ 挡,适宜测量 2～20 μF 的电容器。

某些型号的数字万用表(如 DT890B+)在测量 50 pF 以下的小容量电容器时误差较大,此时可采用串联法测量。方法如下:先找一只 220 pF 左右的电容器,用数字万用表测出其实际容量 C_1,然后把待测小电容与之并联测出其总容量 C_2,则两者之差($C_1 - C_2$)是待测小电容器的电容。用此法测量 1～20 pF 的小容量电容器比较准确。

2.2.3　电感器

电感器又称"电感线圈",简称"电感",是一种储能元件,能把电能转换为磁场能储存起来,在电路中有阻交流、通直流的作用。

2.2.3.1　电感器的分类

电感器一般由线圈构成,所以也叫"电感线圈"。为了增加电感量(L)、提高品质因数(Q)以及减小体积,通常在线圈中加入软磁性的磁芯。

根据电感量是否可调,电感器可以分为固定电感器、可调电感器和微调电感器三种。可调电感器可利用磁芯在线圈内移动而在较大范围内调节电感量,它与固定电容器配合应用于谐振电路中起调谐作用。微调电感器电感量调节范围小,微调的目的在于满足整机调试的需求和补偿电感器生产中的分散性,调好后一般不再变动。

电感器按结构不同还可以分为空芯电感器、铁芯电感器和铁氧体磁芯电感器三种,它们在电路中的符号如图 2.7 所示,外形如图 2.8 所示。

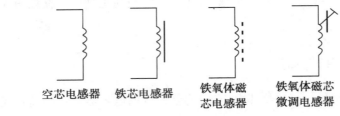

空芯电感器　　铁芯电感器　　铁氧体磁　　铁氧体磁芯
　　　　　　　　　　　　芯电感器　　微调电感器

图 2.7　电感器在电路中的符号

（a）空芯电感器　　　（b）铁芯电感器　　（c）铁氧体磁芯电感器

图 2.8　各类电感器的外形

　　另外，还有一些小型电感器，如色码电感器、平面电感器和集成电感器，用于满足电子设备小型化的需要。色码电感器用四条色带标志电感器的性能，第 1、2 条色带表示电感量的第 1、2 位有效数字，第 3 条色带表示倍乘数，第 4 条色带表示允许误差。

2.2.3.2　电感器的主要性能指标

　　（1）电感量（L）：电感量是指电感器通过变化电流时产生感应电动势的能力，其大小与磁导率（μ）、匝数（n）以及体积（V）有关。当线圈的长度远大于直径时，电感量为：

$$L = \mu n^2 V$$

电感量的常用单位有 H、mH 和 μH。

　　（2）品质因数（Q）：品质因数反映电感量传输能量的本领。Q 值越大，电感器传输能量的本领越大，损耗越小。电感器的品质因数一般为 50～300，其计算公式如下：

$$Q = \frac{\omega L}{R}$$

式中，ω 为工作角频率；L 为线圈电感量；R 为线圈电阻。

　　（3）额定电流（I）：额定电流是指高频电感器和大功率调谐电感器在规定的温度下，连续正常工作时的最大工作电流。通过电感器的电流超过额定值时，电感器将发热，严重时会烧毁。

2.2.3.3　电感参数的标志方法

　　（1）直标法：直标法是将标称电感量、允许偏差及额定电流等参数直接标注在电感器上的方法。电感器的额定电流标志如表 2.9 所示，电感器的允许偏差等级与电阻的允许偏差等级相同,如表 2.10 所示。例如,电感线圈外壳上标有 330 μH、C 和 II,表示电感器的标称电感量为 330 μH,允许偏差为 $\pm 10\%$,额定电流为 300 mA。

表 2.9　电感器的额定电流标志

字母	A	B	C	D	E
额定电流/mA	50	150	300	700	1600

表 2.10　电感器的允许偏差等级

级别	B	C	D	F	G	J（I）	K（II）	M（III）	N
允许误差	$\pm 0.1\%$	$\pm 0.25\%$	$\pm 0.5\%$	$\pm 1\%$	$\pm 2\%$	$\pm 5\%$	$\pm 10\%$	$\pm 20\%$	$\pm 30\%$

(2)文字符号法:文字符号法是将阿拉伯数字和文字符号有规律地组合起来表示标称电感量和允许偏差的方法。文字符号法的组合规律:电感量的整数部分+电感量的单位标志符号+电感量的小数部分+允许偏差。电感标称值的单位标志符号有 m、μ、n,分别表示 mH、μH、nH。例如,4n7K 表示标称电感量为 4.7 nH,允许偏差为 $\pm 10\%$。

(3)色标法:色标法是在电感器上用四道色环表示其标称电感量和允许偏差的方法。电感器色环的意义如表 2.11 所示。距离端部最近的为第 1 道环,第 1、第 2 道环表示有效数字,第 3 道环表示倍率,单位为 μH,第 4 道环表示允许偏差。图 2.9 为电感器色环示例,其标称电感值为 $47 \times 10^2\ \mu$H,允许误差为 $\pm 10\%$。

表 2.11　电感器色环的意义

颜色	黑	棕	红	橙	黄	绿	蓝	紫	灰	白	金	银
有效数字	0	1	2	3	4	5	6	7	8	9		
倍率/μH	10^0	10^1	10^2	10^3	10^4	10^5	10^6	10^7	10^8	10^9	10^{-1}	10^{-2}
允许偏差	$\pm 20\%$	$\pm 1\%$	$\pm 2\%$	$\pm 3\%$	$\pm 4\%$						$\pm 5\%$	$\pm 10\%$

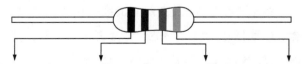

黄色:有效数字为4　紫色:有效数字为7　红色:倍率位为10^2　银色:允许偏差为$\pm 10\%$

图 2.9　电感器色环示例

(4)数码法:数码法是在电感器上用三位数码表示其标称电感量的方法。在三位数字中,从左至右第 1、第 2 位为有效数字,第 3 位表示倍率,单位为 μH。例如,470J 表示标称电感量为 $47 \times 10^2\ \mu$H $= 4.7$ mH,允许偏差为 $\pm 5\%$;183K 表示标称电感量为 $18 \times 10^3\ \mu$H$=18$ mH,允许偏差为 $\pm 10\%$。

2.2.3.4 电感器的检测

首先应对电感器进行外观检查,即查看线圈引线是否断裂、脱焊,绝缘材料是否烧焦,表面是否破损等。对于磁芯可变电感器,其可变磁芯应不松动、未断裂,应能用无感旋具进行伸缩调整。

用万用表检测电路中的电感器前,应先把电感器的一端与电路断开,以免其他元器件影响检测的准确性。

(1)阻值检测:使用万用表测量电感器的阻值来判断电感器是否正常。一般地,小电感器的直流电阻值很小,为零点几欧至几欧;大电感器的直流电阻相对较大,为几百欧至几千欧。若测得电感器的电阻为零,说明电感器内部短路;若测得电感器的电阻为无穷大,说明电感器内部或引出线端断路;若万用表指示电阻不稳定,说明电感器引线接触不良。

(2)绝缘检查:对于有铁芯或金属屏蔽罩的电感器,应检测电感器引出线端与铁芯或壳体的绝缘情况,其阻值应为兆欧级,否则该电感器的绝缘不良。

(3)电感量测量:部分数字万用表是有电感挡的,可用来测量电感量。测量时,须选择与标称电感量相近的量程,然后将万用表的两表笔分别接到被测电感器的两引脚上,根据屏幕所显示的数值读出电感量。另外,也可以用万用电桥或电感测试仪来测量电感量,在此不作详述。

2.2.4 变压器

变压器也是一种电感,它是利用两个电感线圈靠近时的互感现象工作的,在电路中起到电压变换和阻抗变换的作用。其电路符号如图 2.10 所示,实物图如图 2.11 所示。

变压器是将两组或两组以上的线圈绕在同一个线圈骨架上,或绕在同一铁芯上制成的。若线圈是空芯的,则为空芯变压器;若在绕好的线圈中插入了铁氧体磁芯,则为铁氧体磁芯变压器;若在绕好的线圈中插入了铁芯,则为铁芯变压器。变压器的铁芯通常由硅钢片、坡莫合金或铁氧体材料制成,其形状如图 2.12 所示。

(a)空芯变压器   (b)铁氧体磁芯变压器   (c)铁芯变压器

图 2.10 变压器的电路符号

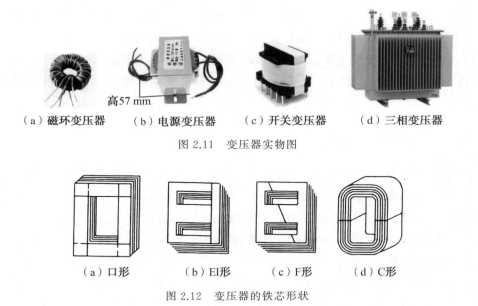

（a）磁环变压器　　（b）电源变压器　　（c）开关变压器　　（d）三相变压器

图 2.11　变压器实物图

（a）口形　　　　（b）EI 形　　　　（c）F 形　　　　（d）C 形

图 2.12　变压器的铁芯形状

2.2.4.1　变压器的分类

按工作频率，变压器可分为高频变压器、中频变压器和低频变压器，如图 2.13 所示。

按用途，变压器可分为电源变压器、音频变压器、脉冲变压器、恒压变压器、耦合变压器、自耦变压器、升压变压器、降压变压器、隔离变压器、输入变压器和输出变压器等。

按铁芯形状，变压器可分为 EI 形变压器、口形变压器、F 形变压器和 C 形变压器。

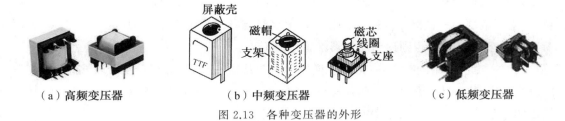

（a）高频变压器　　　　（b）中频变压器　　　　（c）低频变压器

图 2.13　各种变压器的外形

2.2.4.2　变压器的主要参数

（1）电压比、匝比、变阻比：①电压比是变压器一次电压与二次电压的比值，通常直接在电压器上标出电压变换值，如 220 V/10 V。②匝比是变压器一次绕组匝数与二次绕组匝数的比值，通常以比值表示，如 22∶1。③变阻比是变压器一次阻抗与二次阻抗的比值，通常以比值表示，如 3∶1。

（2）额定电压：额定电压指变压器的一次绕组上所允许施加的电压。正常工作时，变压器一次绕组上施加的电压不得大于额定电压。

（3）额定功率：额定功率指变压器在规定频率和电压下能长期连续工作，而不超过规定温升的输出功率。电子产品中变压器的额定功率一般都在数百伏安以下。

（4）效率：效率指变压器输出功率与输入功率之比。变压器的效率与设计参数、材料、制造工艺以及功率有关。一般电源、音频变压器要注意效率，而中频、高频变压器不考虑效率。

2.2.4.3　变压器的检测

首先应对变压器进行外观检查，即查看线圈引线是否断裂、脱焊，绝缘材料是否有烧焦痕迹，铁芯紧固螺钉是否松动，硅钢片有无锈蚀，绕组线圈是否外露等。

检测电路中的变压器前，应先切断变压器与其他元器件的连接，以免其他元器件影响检测的准确性。然后，用万用表对变压器进行检测。

（1）线路通断检测：用万用表的电阻挡测量各绕组两个接线端子之间的阻值。一般地，输入变压器的直流电阻值较大，一次绕组的直流电阻多为几百欧姆，二次绕组的直流电阻多为 $1\sim200\ \Omega$；输出变压器的一次绕组的直流电阻多为几十至上百欧姆，二次绕组的直流电阻多为零点几至几欧姆。若测出某绕组的直流电阻过大，说明该绕组断路。

用万用表的电阻挡检测变压器是否短路有两种方法：①空载通电法：切断变压器的一切负载，接通电源，看变压器的空载温升。如果温升较高，则说明变压器内部局部有短路；如果接通电源 $15\sim30\ \mathrm{min}$ 后，温升正常，则说明变压器正常。②在变压器一次侧绕组内串联一个 100 W 灯泡，接通电源时，灯泡只微微发红，则变压器正常；如果灯泡很亮或较亮，则说明变压器内部有局部短路现象。

（2）绝缘性能检测：用万用表的电阻挡分别测量变压器铁芯与一次绕组、各二次绕组，静电屏蔽层与一次绕组、各二次绕组，一次绕组与各二次绕组之间的电阻值。这些阻值都应大于 $100\ \mathrm{M\Omega}$，否则说明变压器绝缘性能不良。

（3）一、二次绕组的判别：一般降压变压器一次绕组接交流 220 V，匝数较多，直流电阻较大；二次绕组为降压输出，匝数较少，直流电阻较小。利用这一特点，我们可以用万用表的电阻挡判断出一、二次绕组。

（4）同名端的判别：按照图 2.14 所示的判别电路连接电路，测量所用万用表应选用指针万用表。一般阻值较小的绕组可直接与电源 U_S 相接。若电源 U_S 接在变压器的升压绕组（即匝数较多的绕组），则万用表应选择直流毫安挡的最小量程，使指针摆动幅度较大，可利于观察。若电源 U_S 接在变压器的降压绕组（即匝数较少的绕组）

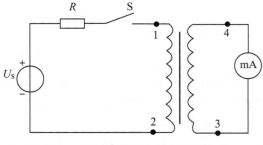

图 2.14　变压器同名端的判别电路

上,则万用表应选择直流毫安挡的较大量程,以免损坏表头。在开关 S 闭合的一瞬间,若万用表指针正偏,则说明 1、4 端为同名端;若反偏,则说明 1、3 端为同名端。需注意的是,接通开关 S 的瞬间,指针会向某一个方向偏转。但断开开关 S 时,由于自感作用,指针将向相反方向偏转。如果接通和断开开关的间隔时间太短,很可能只看到断开时指针的偏转方向,而把检测结果搞错。所以接通开关后要等几秒再断开开关,也可以多测几次,以保证检测结果的准确性。

2.3 半导体分立器件

半导体分立器件是构成各种电子电路最基本的核心器件,电子技术的发展通常以半导体分立器件的发展为基础。自 1904 年出现电子管以来,电子器件的发展越来越迅速,相继出现了晶体管,小规模、中规模、大规模和超大规模集成电路。超大规模集成电路的出现使得电子设备的小型化和微型化成为现实。

2.3.1 半导体分立器件的分类与型号命名

半导体分立器件主要包括二极管、三极管和场效应管。二极管具有单向导电性,可用于整流、检波、稳压、混频电路,或作为电子开关器件。三极管和场效应管具有放大信号的作用,也可作为开关器件。二极管、功率管和场效应管的外形如图 2.15 所示。

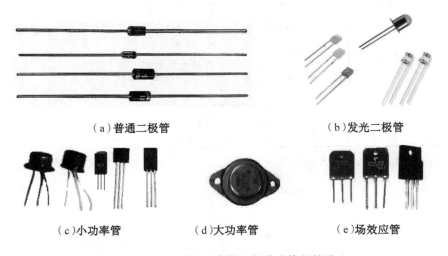

（a）普通二极管　　　　　　　　　　　（b）发光二极管

（c）小功率管　　　　（d）大功率管　　　　（e）场效应管

图 2.15　二极管、功率管和场效应管的外形

2.3.1.1 半导体分立器件的型号命名法则

半导体器件的型号命名法则如表 2.12 所示,示例如图 2.16 所示。

表 2.12　半导体分立器件的型号命名法则

第一部分		第二部分		第三部分		第四部分	第五部分
用数字表示器件的电极数目		用汉语拼音字母表示器件的材料和极性		用汉语拼音字母表示器件的类别		用数字表示器件序号	用汉语拼音字母表示规格号
符号	意义	符号	意义	符号	意义	意义	意义
2	二极管	A	N 型锗材料	P	普通管	反映了极限参数、直流参数和交流参数等的差别	反映了承受反向击穿电压的程度，如规格号为 A、B、C、D 等，其中 A 承受的反向击穿电压最低，B 次之
				V	微波管		
				W	稳压管		
		B	P 型锗材料	C	参量管		
				Z	整流管		
				L	整流堆		
		C	N 型硅材料	N	阻尼管		
				U	光电管		
				K	开关管		
		D	P 型硅材料	X	低频小功率管，$f_a < 3$ MHz，$P_C < 1$ W		
3	三极管	A	PNP 型锗材料	G	高频小功率管，$f_a \geqslant 8$ MHz，$P_C < 1$ W		
		B	NPN 型锗材料	D	低频大功率管，$f_a < 3$ MHz，$P_C \geqslant 1$ W		
		C	PNP 型硅材料	A	高频大功率管，$f_a \geqslant 8$ MHz，$P_C \geqslant 1$ W		
		D	NPN 型硅材料	T	可控整流管		
				S	隧道管		

注：f_a 为共基截止频率，P_C 为集电极耗散功率。

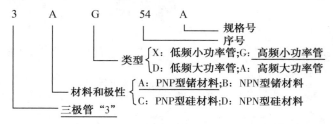

图 2.16　PNP 型锗材料高频小功率管的型号命名示例

2.3.1.2 二极管的识别与检测

(1)普通二极管的识别:普通二极管的封装一般有玻璃封装、金属封装和塑料封装几种,外壳上均印有型号和标记,标记的箭头指向负极。有的二极管上标有色环,有色环的一端为负极;有的二极管上标有色点,有色点的一端为正极,如图 2.17 所示。

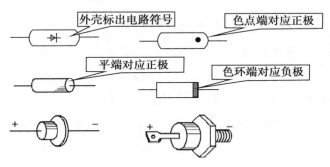

图 2.17　普通二极管的识别

(2)普通二极管的极性识别及性能优劣的简易辨别法:由于二极管具有单向导电性,所以根据不同接法测量的电阻值可以辨别出二极管的极性,并可以粗略地判断其性能的优劣。辨别方法如表 2.13 所示。注意:检测时,万用表的红表笔(即接万用表面板上"+"端子的笔)接电池的负极。

表 2.13　二极管极性的辨别方法

被测二极管		两极分别为 X_1、X_2					
表笔接法	红表笔	X_1	X_2	X_1	X_2	X_1	X_2
	黑表笔	X_2	X_1	X_2	X_1	X_2	X_1
Ω 指示值		几百千欧以上	几千欧以下	很小		—	
辨别		X_1 为正极,X_2 为负极且单向导电性好		失去了单向导电的作用		二极管已断路	

(3)普通二极管的检测:将数字万用表的功能选择旋钮拨至二极管挡位,测量二极管的电压降,正常二极管正向压降为 0.1 V(锗管)~0.7 V(硅管),若反向则显示"1——"。

2.3.1.3 特种二极管的识别与检测

(1)发光二极管(LED):发光二极管是一种常用的发光器件,通过电子与空穴复合释放能量并发光,被广泛应用于电子产品的数字、文字、符号显示以及照明等领域。另外,它还可以与光敏管结合作光电耦合器件使用。在数字电路中,常用发光二极管作为逻辑显示器,以监视逻辑电路的逻辑功能。发光二极管的电路符号与外形如图 2.18 所示。

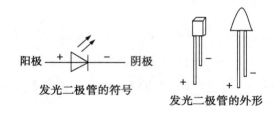

阳极 —— 阴极

发光二极管的符号

发光二极管的外形

图 2.18　发光二极管的电路符号与外形

注意:①发光二极管和普通二极管一样,具有单向导电性,导通时才能发光,因此使用时需注意极性。②发光二极管正向工作电压为 1～3 V,允许通过的电流为 2～20 mA,电压、电流的大小依器件型号不同而异。电流的大小决定了发光二极管的发光亮度。使用时若与 TTL(晶体管-晶体管逻辑)组件相连,必须串接一个降压电阻(称为"限流电阻"),以免损坏器件。例如,TTL 组件接 5 V 电源时,则可串接 270 Ω 的电阻。③发光二极管与门电路相连时,需从门电路获取电流,所以发光二极管不应接在两级门之间,而应接到最后一级门的输出端。④发光二极管的检测:将数字万用表的功能选择旋钮拨至 hFE 挡,发光二极管的正、负极分别插入 NPN 型三极管的 c、e 孔(或 PNP 型三极管的 e、c 孔),若发光二极管发光则正常。注意:由于电流较大,点亮时间不要太长。

(2)稳压管:稳压管有玻璃、塑料封装和金属封装两种,其电路符号与外形如图 2.19 所示。玻璃、塑料封装稳压管的外形与普通二极管相似,如 2CW7;金属封装稳压管的外形与小功率三极管相似,但内部为双稳压二极管,其本身具有温度补偿作用,如 2CW231。

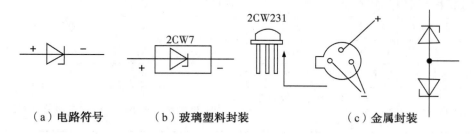

(a) 电路符号　　　(b) 玻璃塑料封装　　　　　　　(c) 金属封装

图 2.19　稳压管的电路符号与外形

稳压管在电路中是反向连接的,它能使所接电路两端的电压稳定在一个规定电压(即稳压值)范围内。确定稳压管稳压值的方法有三种:

①根据稳压管的型号查阅手册得知。

②使用晶体管测试仪,测出稳压管伏安特性曲线获得。

③通过一个简单的实验电路(见图 2.20)测得。测量时,改变直流电源电压,使之由零开始缓慢增加,同时稳压管两端用直流电压表监视。当电压增加到一定值时,稳压管

将被反向击穿,直流电压表指示某一电压值。此时再增加直流电源电压,稳压管两端的电压不再变化,那么电压表所指示的电压值就是该稳压管的稳压值。

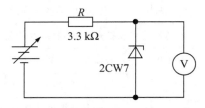

图 2.20 稳压值测量的实验电路

(3)光电二极管:光电二极管是一种将光信号转换成电信号的半导体分立器件,其符号与外形如图 2.21 所示。

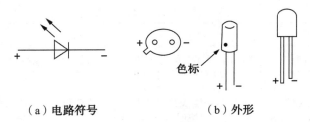

（a）电路符号　　　　　　（b）外形

图 2.21 光电二极管的电路符号与外形

在光电二极管的管壳上备有一个玻璃口,以便于接受光。当有光照时,其反向电流随光照强度的增加而正比上升。

光电二极管可用于光的测量。大面积的光电二极管可作为一种能源使用,称为"光电池"。

2.3.1.4 三极管和场效应管的识别与检测

(1)三极管和场效应管的分类:三极管又称"双极型晶体管",由自由电子和空穴两种载流子参与导电。场效应管是单极型晶体管,只有多数载流子参与导电。三极管和场效应管的分类分别如表 2.14 和表 2.15 所示。

表 2.14　三极管的分类

分类方法		特点
按结构分	NPN 型	国产 NPN 型晶体管多由硅材料制成,反向饱和电流受温度影响小
	PNP 型	国产 PNP 型晶体管多由锗材料制成,反向饱和电流受温度影响大

分类方法		特点
按制造工艺分	合金晶体管	PN 结由合金工艺制成,基区杂质分布均匀,宽度大,特征频率低
	平面晶体管	用光刻技术及扩散工艺制成,性能稳定
	台面晶体管	用双扩散法和台面腐蚀工艺制成
按频率分	低频管	共基极截止频率 $f_\alpha < 8$ MHz
	高频管	共基极截止频率 $f_\alpha \geqslant 8$ MHz
按功率分	大功率管	集电极耗散功率 $P_C \geqslant 1$ W
	小功率管	集电极耗散功率 $P_C < 1$ W

表 2.15 场效应管的分类

分类方法		特点
按结构分	结型(JFET)	利用半导体内的电场效应,改变耗尽层的宽度,从而改变导电沟道的宽度,以实现控制电压的目的
	绝缘栅型(MOSFET)	利用半导体表面的电场效应,改变电荷量,从而改变感生沟道的宽度,以达到控制电压的目的
按沟道类型分	N 沟道	参与导电的载流子为电子
	P 沟道	参与导电的载流子为空穴
按沟道形成的原理分	增强型	栅源电压 $U_{GS} > 0$ 时漏源极间才存在导电沟道
	耗尽型	栅源电压 $U_{GS} = 0$ 时漏源极间就存在导电沟道

(2)三极管的识别:三极管有 NPN 型和 PNP 型两大类,通常情况下我们可以从管壳上的标识来识别它的型号和类型。例如,三极管的管壳上标有 3DG12,则表明它是 NPN 型高频小功率硅管;管壳上标有 3AX31,则表明它是 PNP 型低频小功率锗管。另外,我们还可以从管壳上色点的颜色判断三极管的放大系数(β)的大致范围。例如,型号为 3DG6 的三极管,若色点为黄色,表明 β 值在 30~60 之间;若色点为绿色,表明 β 值在 50~110 之间;若色点为蓝色,表明 β 值在 90~160 之间;若色点为白色,表明 β 值在 140~200 之间。

当我们从管壳上得知三极管的类型、型号以及 β 值后,还应该进一步辨别它的三个电极。对于小功率管而言,有金属封装和塑料封装两种。如果金属封装小功率管的管壳上带有定位销,且三根电极在半周内,那么我们将有三根电极的半周置于上方,按顺时针方向,三根电极依次为 e、b、c 或 d、g、s(场效应管),如图 2.22(a)所示。对于塑料封装小功率管,应将三根电极置于下方,按顺时针方向,三根电极依次为 e、b、c,如图 2.22(b)

所示。

（a）金属外壳封装　　　　　　　（b）塑料外壳封装

图 2.22　晶体管电极的识别

对于大功率管,按外形可分为 F 型和 G 型。F 型大功率管只能在管底看到两根电极,将管底朝上,两根电极置于左侧,则上为 e、下为 b,底座为 c,如图 2.23(a)所示。G 型大功率管的三个电极一般在管壳的顶部,若电极朝上,按顺时针方向依次是 e、b、c,如图 2.23(b)所示。

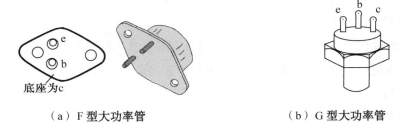

（a）F 型大功率管　　　　　　　（b）G 型大功率管

图 2.23　大功率管管脚的识别

(3)三极管的检测:数字万用表不仅可以判别晶体三极管的引脚极性、测量三极管的放大系数,还可以鉴别硅管与锗管。数字万用表电阻挡的测试电流很小,因此不适用于检测三极管,一般使用二极管挡位或者 hFE 挡位来检测。

①利用数字万用表的二极管挡位检测三极管的引脚极性和类型:数字万用表的功能选择旋钮处于二极管挡位时,工作电压为 2 V,可以保证三极管的两个 PN 结在施加此电压后具有正向导通、反向截止的单向导电特性。

将数字万用表的红表笔接三极管的任一引脚,黑表笔分别接触另外两个引脚,如果两次测量显示的数字均为 0.1 ~ 0.8 V,或者都显示溢出符号"OL"或"1",则说明此时红表笔连接的引脚为晶体三极管的基极,另外两个电极分别为集电极和发射极。如果只有一次显示 0.1 ~ 0.8 V,另一次显示溢出符号"OL"或"1",则表明红表笔所接引脚不是基极,需更换其他引脚再次测量,直到测出基极为止。

基极确定后,用红表笔接基极,黑表笔分别接触另外两个引脚。若两次测量值都显示 0.6 ~ 0.8 V,则所测三极管为硅 NPN 型中/小功率管,其中测量值大的那次黑表笔所接引脚为发射极。若两次测量值都显示 0.4 ~ 0.6 V,则所测三极管为硅 NPN 型大功率管。同样,测量值大的那次,黑表笔所接引脚为发射极。

若两次测量值都显示溢出符号"OL"或"1",则调换接基极的表笔,即用黑表笔接基极,红表笔分别接另外两个引脚;若测量值都大于 0.4 V,则所测三极管为硅 PNP 型,测量值大的那次红表笔所接引脚为发射极;若测量值都小于 0.4 V,则说明所测三极管属于锗管。

②利用数字万用表的 hFE 挡位检测三极管的放大系数:将数字万用表的功能选择旋钮置于 hFE 挡位,根据三极管的类型(NPN 或 PNP),将三极管的 e、b、c 各引脚插入相应的检测插孔中,显示屏上会显示出被测三极管的放大系数 β。

③三极管质量的判定:

a.正常:正向测量两个 PN 结时,三极管具有正常的正向导通压降(0.1~0.8 V);反向测量时,两个 PN 结截止,显示屏上显示溢出符号"OL"或"1";在集电极和发射极之间测量时,显示屏上显示溢出符号"OL"或"1"。

b.击穿:若集电极或发射极以及集电极和发射极之间击穿,测量时蜂鸣器会发出警报声,同时显示屏上显示数据接近于零。

c.开路:发射极或集电极开路,正向测量时显示屏上显示溢出符号"OL"或"1"。

d.漏电:发射极和集电极之间在正向测量时有正常的压降,而在反向测量时也有一定的压降(一般为零点几伏到一点几伏之间),这个压降值越小说明漏电越严重。

(4)三极管使用常识:因设计、安装、维修电子电路的需要,选用和更换三极管时,必须注意以下几个问题:

①小功率管不能代替中、大功率管,反向击穿电压低的三极管不能代替反向击穿电压高的三极管,低频管不能代替高频管,不同类型的三极管不能互换。

②三极管的三个引线不能接错,不能互换。

③在高频电路中,有的三极管有四个引脚,除 b、e、c 外,第四个引脚是"地线",起屏蔽作用。

④中、小功率管引脚的线径较细,容易折断,在安装、拆卸时不要过度弯曲。

⑤安装、拆卸三极管时,焊接速度要快,防止时间过长、温度过高而把三极管烧坏。

⑥对于一些和三极管外形完全相同的特殊半导体器件(如单结晶体管、晶闸管、三端稳压管、场效应管等),不能简单地将它们混为三极管,也不能用万用表测量三个电极之间的电阻来判断其好坏。此时,必须用专用仪器或器件上的标志来鉴别是何种类型的晶体管。

2.3.2 常用半导体器件的外形封装与引脚排列

常用半导体器件的外形封装、引脚排列、型号以及特点如表 2.16 所示。

表 2.16 常用半导体器件

类别		外形封装及引脚排列	型号	特点
半导体二极管	玻璃封装二极管	正极 N型锗片 负极 金属触丝 外壳	1N758 1N4148 2CK73	造价低、功率小
	塑料封装二极管	+ − 色环	1N5401 1N4148 FR107	造价低、功率较大
	发光二极管	圈点表示阴极 平的外缘表示阴极引线	FG314003 FG114130	不同形式的发光二极管有不同颜色及顶部形状
	贴片式二极管	A K 3 2 1	封装代号：PSM/SOT23	体积小、适合表贴工艺
半导体三极管	小功率金属封装三极管	e b c e b c e b c c b e GT-3 GT-6 TO-1 TO-39 79-03	3DK2 3DJ7 3DG6C	可靠性高、散热性好、造价高
	小功率塑料封装三极管	e b c b e c b c b e	3DG6A S9013 S8050	造价低、应用广
	大功率塑料封装三极管	e c b e b c b c e b c e TO-126 T0-202 T0-220 T0P-3	BD237 BU208 2SD1943	方便加散热片、造价低、应用广
	贴片式三极管	b c e b c e b c e	封装代号：SOT23/SC-61	体积小、适合表贴工艺
	大功率金属封装三极管	c b e c b e 30.1 mm 24.4 mm TO-3 TO-66	3DD102C 3AD30	功率大、散热性好、造价较高

2.4　集成电路

集成电路(Integrated Circuits,IC)是将晶体管、电阻、电容等电子元器件按电路结构要求,制作在一块半导体芯片上,使之形成紧密联系且具有一定功能的整体电路,其特点是体积小、质量轻、引出线少、可靠性高、使用灵活。它的出现使半导体电子技术的发展出现了一个飞跃。

2.4.1　集成电路的分类

(1)按功能及用途,集成电路可分为数字集成电路、模拟集成电路及模数混合型集成电路。

①数字集成电路是能传输"0""1"两种状态信息,并能完成逻辑运算、存储、传输及转换的电路,如各种集成逻辑门电路、触发器、计数器、存储器、移位寄存器、译码器、编码器等。按工作速度(即按传输延迟时间),数字集成电路可分为低速、中速、高速和超高速四种。低速电路的平均传输延迟时间 $t_{pd} \geqslant 50$ ns,中速电路的平均传输延迟时间 $t_{pd} = 10 \sim 50$ ns,高速电路的平均传输延迟时间 $t_{pd} = 2 \sim 10$ ns,超高速电路的平均传输延迟时间 $t_{pd} < 2$ ns。

②模拟集成电路可用来处理模拟电信号。按模拟电信号的处理方法,模拟集成电路可分为线性集成电路和非线性集成电路。线性集成电路是指输入、输出信号呈线性关系的电路,如各类运算放大器(LM324、μA741 等),直流、交流放大器,甲、乙类功率放大器等。非线性集成电路是输出信号不随输入信号而变化的电路,如模拟乘法器 BG314、稳压器 CW7805、对数放大器、微分积分器、检波器、调制器等。由于模拟集成电路较复杂,不易标准化,所以集成度不如数字集成电路高。

模拟集成电路中应用最广泛的是集成运算放大器,它是一种具有高放大倍数、高输入阻抗、低输出阻抗的直接耦合放大器,作为一种通用性很强的功能部件,在自动控制系统、测量仪表、模拟计算机等电子设备中得到了广泛的应用。

③模数混合型集成电路是指输入为模拟或数字信号,而输出为数字或模拟信号的电路,在电路内部有一部分为模拟信号处理电路,有一部分为数字信号处理电路,常见的有各类 A/D(模/数)转换器、D/A(数/模)转换器,如 ADC0809、DAC0832,以及定时电路 NE555、NE556 等。

（2）按半导体工艺，集成电路可分为双极型电路、MOS 型电路、双极型-MOS 电路（BIMOS）。

①双极型电路：在硅片上制作双极型晶体管构成的集成电路，由空穴和电子两种载流子导电。

②MOS 型电路：MOS 型电路是以金属-氧化物-半导体（MOS）场效应晶体管为主要元件构成的集成电路，简称 MOSIC。MOS 型电路是单极性器件，导电的是空穴或电子一种载流子。MOS 型电路又可分为 NMOS、PMOS 和 CMOS 三种。

a.NMOS 由 N 沟道 MOS 器件构成。

b.PMOS 由 P 沟道 MOS 器件构成。

c.CMOS 由 N、P 沟道 MOS 器件构成。

③双极型-MOS 电路：由双极型晶体管和 MOS 电路混合构成的集成电路，一般前者作为输出极，后者作为输入极。

双极型电路驱动能力强，但功耗较大；MOS 电路驱动能力弱，但功耗较小；双极型-MOS 电路兼有二者优点。MOS 电路中的 PMOS 和 NMOS 已趋于淘汰。

（3）集成电路还可按电路集成度的高低分类。集成度是指一块集成电路芯片中所包含的电子元器件的个数。按集成度，集成电路可分为小、中、大、超大规模集成电路。表2.17 是早期的集成电路分类。

表 2.17　集成电路分类

缩写	名称	数字 MOS	数字双极型	模拟
SSIC	小规模集成电路		＜100	＜30
MSIC	中规模集成电路	100～1000	100～500	30～100
LSIC	大规模集成电路	1000～10 000	500～2000	100～300
VLSIC	超大规模集成电路	＞10 000	＞2000	＞300

注：表中数字表示电路中电子元器件的个数。

（4）按工艺结构或制造方式，集成电路可分为半导体集成电路、厚膜集成电路、薄膜集成电路以及混合集成电路。

（5）专用集成电路（ASIC）：专用集成电路是相对于通用集成电路而言的。它是为特定应用领域或特定电子产品专门研制的集成电路，目前应用较多的有门阵列（GA）、标准单元集成电路（CBIC）、可编程逻辑器件（PLD）、模拟阵列、数字模拟混合阵列以及全定制集成电路。对于以上前五种专业集成电路，制造厂仅提供母片，由用户根据需要完成电路，因此也被称为"半定制集成电路"（SCIC）。专用集成电路性能稳定、功能强、保密性好,具有广泛的前景和广阔的市场。

2.4.2　集成电路的命名与替换

与分立器件相比,集成电路的命名规律性较强,绝大部分国内外厂商生产的同一种集成电路,采用基本相同的数字标号,并以不同的字头代表不同的厂商,例如 NE555、LM555、μPC1555、SG555 分别是由不同国家和厂商生产的定时器电路,它们的功能、性能、封装、引脚排列也都一致,可以相互替换。

我国集成电路的型号命名采用与国际接轨的命名法,型号名由五部分组成,各部分的符号及意义如表 2.18 所示,其示例如图 2.24 所示。

表 2.18　集成电路的型号命名法

第一部分		第二部分		第三部分		第四部分		第五部分	
用字母表示器件符合的国家标准		用字母表示器件的类型		用字母、阿拉伯数字表示器件的系列及品种序号		用字母表示器件的工作温度范围		用字母表示器件的封装形式	
符号	意义	符号	意义	符号	意义	符号	意义	符号	意义
C	中国制造	T	TTL	001 ⋮ 909 ⋮	由有关工业部门制定的"器件系列和品种"中所规定的器件品种	C	0～70 ℃	W	陶瓷扁平
		H	HTL					B	塑料扁平
		E	ECL			E	−40～85 ℃	C	金属菱形
		P	PMOS					D	陶瓷双列
		N	NMOS			R	−55～85 ℃		
		C	CMOS					Y	金属圆壳
		F	线性放大器			M	−55～125 ℃		
		W	集成稳压器					F	全密封扁平
		J	接口电路			…	…		
		…	…					P	塑料直插

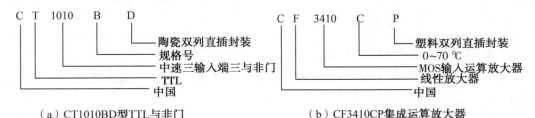

（a）CT1010BD型TTL与非门　　　　　（b）CF3410CP集成运算放大器

图 2.24　集成电路的型号命名示例

但是,也有一些厂商按自己的标准命名,例如 D7642 和 YS414 是同一种微型调幅单片收音机电路。因此在选择集成电路时要以相应的产品手册为准。

另外,我国早年生产的集成电路型号命名另有一套标准,现在仍可在一些技术资料中见到,具体可查阅有关新老型号对照手册。

2.4.3 集成电路的封装与引脚识别

半导体集成电路的封装结构大致有三种,分别为圆形金属外壳封装、扁平式外壳封装和直插式封装。

(1)圆形金属外壳封装:圆形外壳采用金属封装,引出线根据内部电路结构不同有8根、10根、12根等多种,早期的线性电路一般采用这种封装形式,目前较少采用。其外形及引脚如图2.25(a)所示。

(2)扁平式外壳封装:扁平式外壳采用陶瓷或塑料封装,引出线有14根、16根、18根、24根等多种,早期的数字集成电路有不少采用这种封装形式,目前高集成度小型贴片式集成电路仍采用这种形式。其外形及引脚如图2.25(b)所示。

(3)直插式封装:直插式集成电路一般采用塑料封装,形状又分为双列直插式和单列直插式两种,其外形及引脚分别如图2.25(c)(d)所示。直插式封装工艺简单,成本低,引脚线强度大、不易折断。直插式集成电路可以直接焊在印制电路板上,也可用相应的集成电路插座焊装在印制电路板上,再将集成电路块插入插座中,随时插拔,便于试验和维修,深受开发者欢迎。

不同集成电路的管脚引出线数量不同,但其排列方式有一定规律。一般是从外壳顶部看,按逆时针方向编号。第1脚位置处都有参考标记,如圆形集成电路以键为参考标记,按逆时针方向排列;扁平式或双列直插式一般以小圆点或缺口为标记,在靠近标记的左下方为第1脚,然后按逆时针方向排列;单列直插式集成电路的左下角也有圆点或缺口标记,靠近标记处为第1脚,然后按从左到右的顺序排列。有些集成电路外壳上设有色点或其他标记,但总有一面印有器件型号,把印有型号的一面朝上,左下方一般为第1脚。

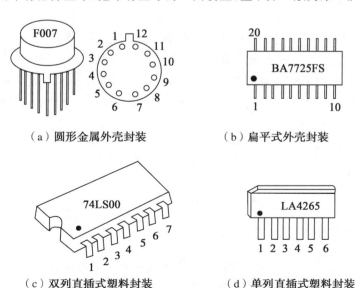

(a)圆形金属外壳封装　　　　(b)扁平式外壳封装

(c)双列直插式塑料封装　　　(d)单列直插式塑料封装

图2.25 不同封装集成电路的外形及引脚

2.4.4　集成电路使用常识

（1）使用集成电路前必须先了解并掌握其型号、用途、各引出线的功能。集成电路的正负电源及地线不能接错，否则有可能造成集成电路永久性损坏。

（2）集成电路正常工作时应不发热或微发热，若集成电路发热严重，烫手或冒烟，应立即关闭电源，检查电路接线是否有误。

（3）拔插集成电路时必须均匀用力，最好使用专用集成电路拔起器，如果没有专用拔起工具，可借助其他工具将集成电路的两头小心均匀地向上撬起。插入集成电路时，注意每个引脚都要对准插孔，然后平行用力向下压。如果集成电路是焊接在电路板上的，装插前必须将引脚的每个焊孔穿通，插入集成电路，再对每个引脚进行点焊，注意焊点大小应适中，引脚点之间不能有短路现象；拆卸前必须将引脚周围的焊料全部清除，确认每个引脚与电路板没有连接后才能拔出。

（4）对于带有金属散热片的集成电路，必须加装适当的散热器，散热器不能与其他元件或机壳相碰，否则可能会造成电路短路。

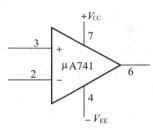

图 2.26　$\mu A741$ 的引脚

（5）用万用表可以粗测运算放大器是否可以正常工作，方法如下：根据运算放大器的内部电路结构，找出测试引脚，首先用万用表的电阻挡位测试正、负电源端与其他各引脚之间是否有短路。如果运算放大器良好，则各引脚与正、负电源端之间无短路。然后，测试运算放大器各级电路中主要晶体管 PN 结的电阻值是否正常，一般情况下正向电阻小，反向电阻大。例如，检查 $\mu A741$（见图 2.26）输入级差动放大器的对称管是否损坏，可以测量引脚 3 与引脚 7 之间的正向电阻（引脚 3 接黑表笔，引脚 7 接红表笔）与反向电阻（引脚 3 接红表笔，引脚 7 接黑表笔），以及引脚 2 与引脚 7 间的正向、反向电阻。如果正向电阻小，反向电阻大，则说明输入级差分对称管是好的。同理，可以检查输出级的互补对称管是否损坏，如果引脚 6 与引脚 7 之间的正向电阻小，反向电阻大，引脚 4 与引脚 6 间的正向电阻小，反向电阻大，则说明互补对称管是好的。

2.5　其他元器件

2.5.1　谐振元件

按照制作材料，谐振元件可分为石英晶体振荡器和陶瓷谐振器。

（1）石英晶体振荡器：石英晶体振荡器又称"石英晶体谐振器"，简称"石英晶振"或"晶振"，其电路符号及实物图如图 2.27 所示。

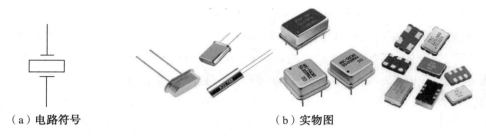

（a）电路符号　　　　　　　　　　　　　（b）实物图

图 2.27　石英晶体振荡器的电路符号及实物图

晶振是用具有压电效应的石英晶体片制成的。石英晶体片在外加交变电场的作用下产生机械振动。若交变电场的频率与晶体片的固有频率相同，则振动会变得强烈，这就是石英晶体的谐振特性。由于石英晶体具有高稳定的物理、化学特性，因此晶振的频率也极其稳定。晶振常作为稳定频率和选择频率的谐振元件，被广泛应用于各种电子设备中。

（2）陶瓷谐振器：陶瓷谐振器是由压电陶瓷制成的谐振器，其电路符号如图 2.28 所示。

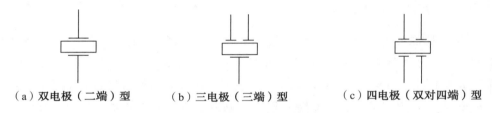

（a）双电极（二端）型　　　（b）三电极（三端）型　　　（c）四电极（双对四端）型

图 2.28　陶瓷谐振器的电路符号

陶瓷谐振器的基本结构、工作原理、特性及应用范围与晶振相似。由于陶瓷谐振器的某些性能不及晶振，所以在要求（主要是频率精度、稳定度）较高的电路中不能采用陶瓷谐振器，必须使用晶振。除此之外，陶瓷谐振器几乎都可以代替晶振。陶瓷谐振器价格低廉，所以应用非常广泛，如收音机的中放电路、电视机的中频伴音电路及遥控器中都使用了陶瓷谐振器。

2.5.2　传感器

传感器是可以将一些变化的物理量（如温度、速度、亮度、磁场等）转换为电信号的元器件。它的种类很多，本节只简要介绍温度传感器、光传感器和磁传感器。

2.5.2.1　温度传感器

常用的温度传感器有四种，分别为集成温度传感器、热电偶、双金属温度传感器以及热敏电阻。

（1）集成温度传感器：集成温度传感器包括模拟输出和数字输出两种类型，其中一种集成温度传感器的实物图如图 2.29 所示。模拟输出集成温度传感器具有高线性度、低成本、高精度、小尺寸和高分辨率等特点。它的不足之处在于温度范围有限，并且需要一个外部参考源。数字输出集成温度传感器带有一个内置参考源，但响应速度很慢。虽然集成温度传感器自身会发热,但可以采用自动关闭和单次转换模式使其在测量之前将电路设置为低功耗状态,从而将自身发热降到最低。

(2)热电偶:将两种不同的金属连接在一起,在升高接合点的温度时,产生电压而使电流流动,这种电压称为"热电动势"。能接合在一起产生热电动势的两种金属被称为"热电偶",其实物图如图2.30所示。使用时,热电偶可直接测量温度,并把温度信号转换成热电动势信号,通过电器仪表转换成被测介质的温度。热电偶的直接测温端被称为"测量端",接线端被称为"参比端"。热电偶有压簧固定热电偶、铠装热电偶及装配式热电偶等多种形式。

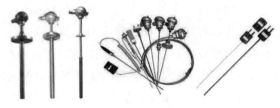

图2.29　集成温度传感器实物图　　　　　图2.30　热电偶实物图

(3)双金属温度传感器:双金属温度传感器又称"双金属温度开关",其实物图如图2.31所示。双金属温度传感器是由两种不同的金属片熔接在一起制成的。由于金属的热膨胀系数不同,当加热时,膨胀系数大的一方因迅速膨胀而使得材料的长度变长,而膨胀系数小的一方,材料的长度只是略微伸长。但由于两片金属片是熔接在一起的,因此加热可使两片金属片弯曲,继而接通或断开触点,达到接通或断开电路的目的。

(4)热敏电阻:热敏电阻对温度敏感,在不同的温度下会表现出不同的电阻值,其电路符号及实物图如图2.32所示。按照温度系数不同,热敏电阻可分为正温度系数热敏电阻和负温度系数热敏电阻。正温度系数热敏电阻在温度越高时电阻值越大,负温度系数热敏电阻在温度越高时电阻值越小。

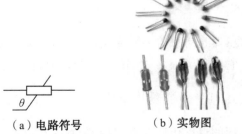

（a）电路符号　　　　（b）实物图

图2.31　双金属温度传感器实物图　　　图2.32　热敏电阻的电路符号及实物图

2.5.2.2　光传感器

常用的光传感器主要有三种,分别为光敏电阻、光敏二极管以及光敏晶体管。

(1)光敏电阻:光敏电阻又称"光导管",是利用半导体光电效应制成的一种电阻值随入射光强弱而改变的电阻。入射光增强,电阻减小;入射光减弱,电阻增大。根据光谱特性,光敏电阻可分为三种,分别为紫外光光敏电阻、红外光光敏电阻和可见光光敏电阻。光敏电阻一般用于光的测量、光的控制和光电转换,其电路符号及实物图如图 2.33 所示。

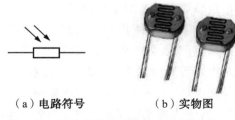

（a）电路符号　　　　　（b）实物图

图 2.33　光敏电阻的电路符号及实物图

(2)光敏二极管:光敏二极管又称"光电二极管"。光敏二极管与半导体二极管在结构上是类似的,其管芯是一个具有光敏特性的 PN 结,具有单向导电性,因此工作时需加上反向电压。无光照时,光敏二极管有很小的饱和反向漏电流(即暗电流),此时光敏二极管截止;当受到光照时,饱和反向漏电流大大增加,形成光电流,光电流会随入射光强度的变化而变化。光敏二极管的电路符号及封装形式如图 2.34 所示。

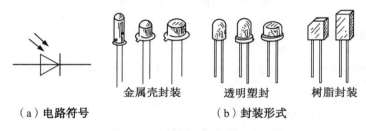

金属壳封装　　　透明塑封　　　树脂封装

（a）电路符号　　　　　　（b）封装形式

图 2.34　光敏二极管的电路符号及封装形式

(3)光敏晶体管:光敏晶体管和普通晶体管类似,也有电流放大作用,不同的是光敏晶体管的集电极电流不只受基极电路和电流控制,同时也受光辐射的控制。当具有光敏特性的 PN 结受到光辐射时,就会形成光电流,由此产生的光电流由基极进入发射极,从而在集电极回路中得到一个放大了的信号电流。不同材料制成的光敏晶体管具有不同的光谱特性。与光敏二极管相比,光敏晶体管具有很大的光电流放大作用,即很高的灵敏度,其电路符号及实物外形如图 2.35 所示。

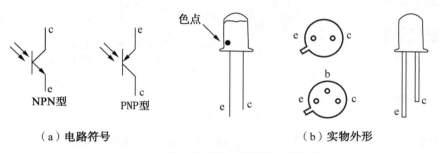

NPN型　　　　PNP型

（a）电路符号　　　　　　　　　（b）实物外形

图 2.35　光敏晶体管的电路符号及实物外形

2.5.2.3 磁传感器

常见的磁传感器有霍尔传感器、干簧管等。

(1)霍尔传感器:霍尔传感器可以检测磁场及其变化,可将磁场转换成电压信号。霍尔传感器具有许多优点,如结构牢固、体积小、质量轻、寿命长、安装方便、功耗小、频率高、耐震动、不怕污染或腐蚀,可在各种与磁场有关的场合使用。

(2)干簧管:干簧管是干式舌簧管的简称,是一种有触点的磁敏特殊开关,具有结构简单、体积小、便于控制等优点,其电路符号及实物图如图 2.36 所示。干簧管与永磁体配合可制成磁控开关,常用于报警装置及电子玩具中;干簧管与线圈配合可制成干簧继电器,可用于电子设备中迅速切换电路。

（a）电路符号　　　　　　　（b）实物图

图 2.36　干簧管电路符号及实物图

2.5.3　显示器件

目前,常用的显示器件主要有三种,分别为 LED 数码管、LED 矩阵显示屏以及液晶显示屏(LCD)。

(1)LED 数码管:LED 数码管是将若干发光二极管按一定图形组织在一起的显示器件,日常生活中应用较多的是八段数码管(包括七段笔画和一个小数点),其实物图如图 2.37(a)所示。八段数码管分为共阴极和共阳极两种,其结构及内部电路如图 2.37(b)所示。以共阴极数码管为例,它由 8 个负极连接在一起的 LED 组成,通过给不同笔画的 LED 正极加上正电压,可以使其显示出不同的数字。

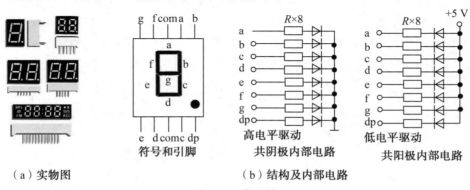

（a）实物图　　　　　　（b）结构及内部电路

图 2.37　数码管

这里以小型共阴极数码管为例,说明数码管的检测。若用指针万用表检测,应选用电阻挡 R×10k 挡,红表笔接公共端,黑表笔逐个触碰其他各端,检测结果都应是低电阻,否则说明数码管损坏。若用数字万用表检测,应选用二极管挡,黑表笔接公共端,红表笔逐个触碰其他各端,各个二极管都应发光,否则说明数码管损坏。

(2)LED 矩阵显示屏:LED 矩阵显示屏由许多发光二极管组成,通过控制每个发光二极管的亮灭来显示字符,其实物图及内部电路如图 2.38 所示。按矩阵的 LED 个数,常用的LED 矩阵显示屏有 8×8、16×16、5×7;按颜色,常用的 LED 矩阵显示屏有单色和双色。

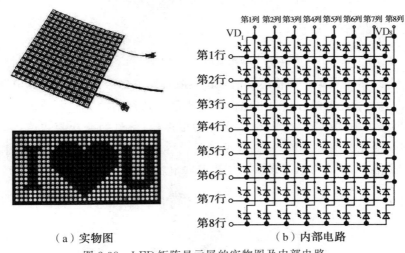

（a）实物图　　　　　　　　　　　（b）内部电路

图 2.38　LED 矩阵显示屏的实物图及内部电路

图 2.38(b)是 8×8 LED 单色矩阵显示屏的内部电路。从图中可以看出,它由 64 个发光二极管组成,且每个发光二极管放置在行线和列线的交叉点上,当行、列呈现不同电平时,相应的发光二极管点亮。例如,第 1 行施加正电平,第一列施加负电平时,VD_1 点亮,其余熄灭;第 1 行施加正电平,第 8 列施加负电平时,VD_8 点亮,其余熄灭,以此类推。

(3)液晶显示屏:液晶显示屏是利用液晶的电光效应调制外界光线进行显示的器件。按控制方式不同,液晶显示屏可分为被动驱动式和主动矩阵式。液晶显示屏具有图像清晰精确、平面显示、厚度薄、质量轻、无辐射、能耗低、工作电压低等优点,被广泛应用于各种数字型仪表、手机、便携式计算机系统等电子产品中。

2.5.4　电声器件

电声器件包括两大类:一类用于将音频电信号转换成相应的声音信号,另一类用于将声音信号转换成相应的电信号。电声器件在收音机、电视机、计算机、电话机等电子设备中得到了广泛应用。

(1)扬声器:扬声器俗称"喇叭",是一种将音频电信号转换成声音信号的元器件,其电路符号及实物图如图 2.39 所示。扬声器的工作原理如下:音频电能通过电磁、压电或静电效应,使纸盆或膜片振动并与周围的空气产生共振(共鸣),从而发出声音。按磁场供给的方式,扬声器可分为永磁式和励磁式;按频率特性,扬声器可分为高音扬声器和低音扬声器;按能量的转换方式,扬声器可分为电动式、电磁式和压电式;按声辐射方式,扬声器可分为直射式(又称"纸盆式")和反射式(又称"号筒式")。扬声器是视听设备(如收音机、音响设备、电视机等)的重要元器件。

（a）电路符号　　　　　　（b）实物图

图 2.39　扬声器的电路符号及实物图

(2)传声器:传声器是一种将声音信号转换成音频电信号的元器件,其电路符号及实物如图 2.40 所示。传声器可分为电动传声器和静电传声器两类。电动传声器是利用电磁感应,获得磁场中运动导体上的输出电压的传声器,常见的是动圈式传声器。静电传声器是以电场变化为原理的传声器,常见的是电容式传声器。在广播、电视和娱乐等方面使用的传声器中,绝大多数是动圈式传声器和电容式传声器。

（a）电路符号　　　　（b）实物图

图 2.40　传声器的电路符号及实物图

第三章　Multisim 软件的基本应用

Multisim 是由美国国家仪器(IN)有限公司推出的一款用于电子电路仿真设计与分析的专业软件。工程师们可以利用 Multisim 提供的虚拟电子器件和仪器仪表搭建仿真和调试电路,从而减少电路的设计成本和研发周期。本章以 Multisim 14.0 为例,介绍这款软件的基本使用方法。

3.1　基本界面

3.1.1　主窗口

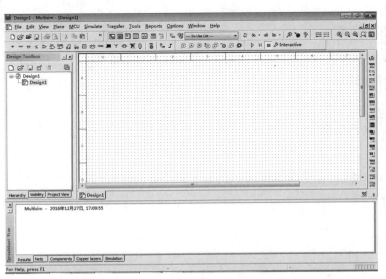

在计算机上安装 Multisim 14.0 后启动该软件,进入如图 3.1 所示的主界面。主界面由菜单栏、工具栏、元器件栏、仪器仪表栏以及设计窗口等多个区域构成。通过对各个部分进行操作,可以输入和编辑电路,并对电路进行测量和分析。

图 3.1　主界面

3.1.2 菜单栏

菜单栏位于主界面的上方,如图 3.2 所示。菜单栏共包括 12 个菜单,分别为 File(文件)、Edit(编辑)、View(查看)、Place(放置)、MCU(单片机)、Simulate(仿真)、Transfer(传送)、Tools(工具)、Reports(报告)、Options(选项)、Window(窗口)、Help(帮助)。

File Edit View Place MCU Simulate Transfer Tools Reports Options Window Help

图 3.2　菜单栏

(1)File 菜单如图 3.3 所示,各功能按钮的介绍如下:

①New:建立新文件。

②Open:打开文件。

③Open samples … :打开示例文件。

④Close:关闭当前文件。

⑤Close all:关闭所有文件。

⑥Save:保存。

⑦Save as … :另存为。

⑧Save all:保存所有文件。

⑨Export template:将当前文件保存为模板文件并输出。

⑩Snippets:片断。

⑪Projects and packing:项目与打包。

⑫Print … :打印电路。

⑬Print preview:打印预览。

⑭Print options:打印选项。

⑮Recent designs:最近设计。

⑯Recent projects:最近项目。

⑰File information:文件信息。

⑱Exit:退出。

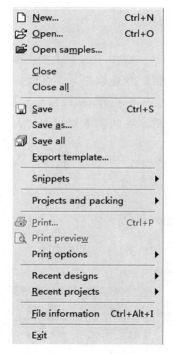

图 3.3　File 菜单

(2)Edit 菜单如图 3.4 所示,各功能按钮的介绍如下:

①Undo:撤销。

②Redo:重复。

③Cut:剪切。

④Copy：复制。

⑤Paste：粘贴。

⑥Paste special：选择性粘贴。

⑦Delete：删除。

⑧Delete multi-page …：删除多页。

⑨Select all：全选。

⑩Find：查找电路中的元器件。

⑪Merge selected buses …：合并所选总线。

⑫Graphic annotation：图形注释。

⑬Order：次序。

⑭Assign to layer：图层赋值。

⑮Layer settings：图层设置。

⑯Orientation：方向。

⑰Align：对齐。

⑱Title block position：标题块位置。

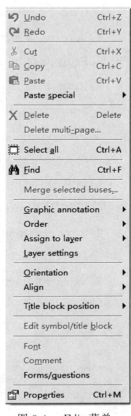

图 3.4 Edit 菜单

⑲Edit symbol/title block：编辑符号/标题块。

⑳Font：字体。

㉑Comment：注释。

㉒Forms/questions：表单/问题。

㉓Properties：属性。

（3）View 菜单如图 3.5 所示,各功能按钮的介绍如下：

①Full screen：全屏显示。

②Parent sheet：母电路图。

③Zoom in：放大。

④Zoom out：缩小。

⑤Zoom area：区域缩放。

⑥Zoom sheet：缩放页面。

⑦Zoom to magnification …：设置缩放比。

⑧Zoom selection：缩放所选内容。

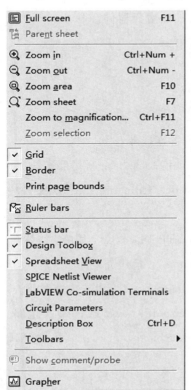

图 3.5 View 菜单

⑨Grid：显示栅格。

⑩Border：显示图表边框。

⑪Print page bounds：打印页面边界。

⑫Ruler bars：显示标尺栏。

⑬Status bar：显示状态栏。

⑭Design Toolbox：显示设计工具箱。

⑮Spreadsheet View：电子表格视图。

⑯SPICE Netlist Viewer：SPICE 网表查看器。

⑰LabVIEW Co-simulation Terminals：LabVIEW 协同仿真终端。

⑱Circuit Parameters：电路参数。

⑲Description Box：描述框。

⑳Show comment/probe：显示注释/探针。

㉑Grapher：图示仪。

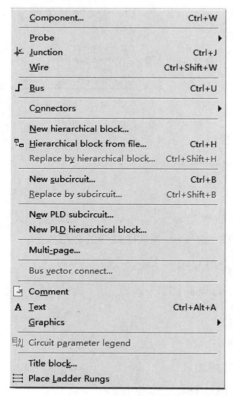

图 3.6 Place 菜单

(4)Place 菜单如图 3.6 所示，各功能按钮的介绍如下：

①Component ... ：放置元器件。

②Probe：放置探针。

③Junction：放置节点。

④Wire：放置导线。

⑤Bus：放置总线。

⑥Connectors：放置连接器。

⑦New hierarchical block ... ：新建层次块。

⑧Hierarchical block from file ... ：从文件中加载层次块。

⑨Replace by hierarchical block ... ：用层次块替换。

⑩New subcircuit ... ：新建支电路。

⑪Replace by subcircuit ... ：由支电路替换。

⑫New PLD subcircuit ... ：新建 PLD 支电路。

⑬New PLD hierarchical block ... ：新建 PLD 层次块。

⑭Multi-page ... ：多页。

⑮Bus vector connect ... ：放置总线向量连接。

⑯Comment：放置注释。

⑰Text：放置文本。

⑱Graphics：放置图形对象。

⑲Circuit parameter legend：将电路参数一览表放置在工作区。

⑳Title block ... ：放置标题块。

㉑Place Ladder Rungs：放置梯度级。

（5）MCU 菜单如图 3.7 所示，各功能按钮的介绍如下：

①No MCU component found：未找到 MCU 元器件。

②Debug view format：调试视图格式。

③MCU windows ... ：MCU 窗口。

④Line numbers：行号。

⑤Pause：暂停。

⑥Step into：步入。

⑦Step over：步过。

⑧Step out：步出。

图 3.7　MCU 菜单

⑨Run to cursor：运行至光标处。

⑩Toggle breakpoint：切换断点。

⑪Remove all breakpoints：移除所有断点。

（6）Simulate 菜单如图 3.8 所示，各功能按钮的介绍如下：

①Run：运行。

②Pause：暂停。

③Stop：停止。

④Analyses and simulation：分析与仿真。

⑤Instruments：放置仪器。

⑥ Mixed-mode simulation settings：混合模式仿真设置。

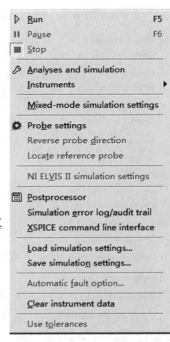

⑦Probe settings：探针设置。

⑧Reverse probe direction：反转探针方向。

⑨Locate reference probe：找出参考探针。

⑩NI ELVIS Ⅱ simulation settings：NI ELVIS Ⅱ仿真

图 3.8　Simulate 菜单

设置。

⑪Postprocessor：后处理器。

⑫Simulation error log/audit trail：打开仿真错误记录信息窗口。

⑬XSPICE command line interface：打开 XSPICE 命令行界面。

⑭Load simulation settings ...：加载仿真设置。

⑮Save simulation settings ...：保存仿真设置。

⑯Automatic fault option ...：设置自动故障选项。

⑰Clear instrument data：清除仪器数据。

⑱Use tolerances：使用容差。

（7）Transfer 菜单如图 3.9 所示，各功能按钮的介绍如下：

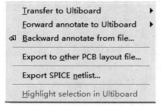

图 3.9　Transfer 菜单

①Transfer to Ultiboard：传送至 Ultiboard。

②Forward annotate to Ultiboard：正向注释至 Ultiboard。

③Backward annotate from file ...：从文件中反向注释。

④Export to other PCB layout file ...：导出到其他 PCB 布局文件。

⑤Export SPICE netlist ...：导出 SPICE 网表。

⑥Highlight selection in Ultiboard：高亮显示 Ultiboard 中的选择。

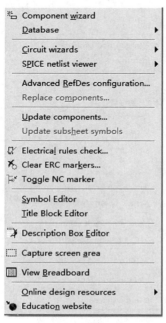

图 3.10　Tools 菜单

（8）Tools 菜单如图 3.10 所示，各功能按钮的介绍如下：

①Component wizard：元器件向导。

②Database：打开数据库。

③Circuit wizards：电路向导工具。

④SPICE netlist viewer：SPICE 网表查看器。

⑤Advanced RefDes configuration ...：高级参考标志符配置。

⑥Replace components ...：替换元器件。

⑦Update components ...：更新元器件。

⑧Update subsheet symbols：更新旧版 Multisim 设计中的层次块和支电路符号。

⑨Electrical rules check ...：运行电器规则检查。

⑩Clear ERC markers ...：清除电器规则检查标记。

⑪Toggle NC marker：切换 NC 标记。

⑫Symbol Editor：符号编辑器。

⑬Title Block Editor：标题块编辑器。

⑭Description Box Editor：电路描述框编辑器。

⑮Capture screen area：捕获选择的屏幕区域。

⑯View Breadboard：查看面包板。

⑰Online design resources：在线设计资源。

⑱Education website：打开教育版网页资源。

（9）Reports 菜单如图 3.11 所示，各功能按钮的介绍如下：

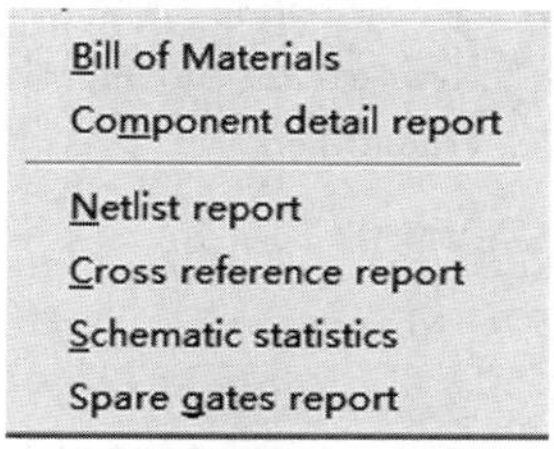

①Bill of Materials：材料清单。

②Component detail report：元器件详情报告。

③Netlist report：网表报告。

④Cross reference report：交叉引用报表。

⑤Schematic statistics：原理图统计信息。

⑥Spare gates report：多余门电路报告。

图 3.11　Reports 菜单

（10）Options 菜单如图 3.12 所示，各功能按钮的介绍如下：

①Global options：设置全局选项。

②Sheet properties：设置电路图属性。

③Global restrictions：设置全局约束。

④Circuit restrictions：设置电路约束条件。

⑤Simplified version：切换至简化版。

⑥Lock toolbars：锁定工具栏。

⑦Customize interface：自定义界面。

图 3.12　Options 菜单

（11）Window 菜单如图 3.13 所示，各功能按钮的介绍如下：

①New window：新建窗口。

②Close：关闭窗口。

③Close all：关闭所有窗口。

④Cascade：层叠。

⑤Tile horizontally：横向平铺。

⑥Tile vertically：纵向平铺。

⑦1 Design1：1 设计 1。

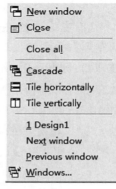

图 3.13　Window 菜单

⑧Next window：下一个窗口。

⑨Previous window：上一个窗口。

⑩Windows … ：窗口。

(12)Help 菜单如图 3.14 所示,各功能按钮的介绍如下:

①Multisim help：Multisim 帮助。

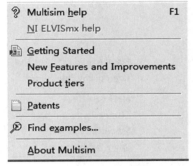

②NI ELVISmx help：NI ELVISmx 帮助。

③Getting Started：入门。

④New Features and Improvements：新的特色与改进。

⑤Product tiers：产品层次。

⑥Patents：专利。

⑦Find examples … ：查找范例。

⑧About Multisim：关于 Multisim。

图 3.14　Help 菜单

3.1.3　工具栏

Multisim 14.0 提供了多种工具栏。通过工具栏中的按钮,用户可以方便地完成原理图设计。 Multisim 14.0 中常用的工具栏如下:

(1)标准工具栏:标准工具栏提供了常用的文件操作按钮,其按钮从左到右分别为新建文件、打开文件、打开示例文件、保存文件、打印文件、打印预览、剪切、复制、粘贴、撤销以及重做,如图 3.15 所示。

图 3.15　标准工具栏

(2)主工具栏:主工具栏可以帮助用户完成电路的建立、仿真和分析等工作,其按钮从左到右分别为设计工具箱、电子表格视图、SPICE 网表查看器、查看面包板、图示仪、后处理器、母电路图、元器件向导、数据库管理、在用列表、电器规则检查、传送至 Ultiboard、从文件中反向注释、正向注释至 Ultiboard、查找范例、打开教育版网页资源以及 Multisim 帮助,如图 3.16 所示。

图 3.16　主工具栏

(3)查看工具栏:查看工具栏,可以帮助用户完成放大、缩小等视图显示方面的操作,其按钮从左到右分别为放大视图、缩小视图、区域缩放、缩放页面以及全屏显示,如图 3.17 所示。

（4）仿真工具栏：仿真工具栏为用户提供了多个运行仿真的快捷键，其按钮从左到右分别为运行仿真、暂停仿真、停止仿真以及打开"分析与仿真"窗口，如图 3.18 所示。

图 3.17　查看工具栏　　　　　　图 3.18　仿真工具栏

3.1.4　元器件栏

Multisim 14.0 的元器件栏如图 3.19 所示，它集中了多种虚拟元器件，其按钮从左到右分别为放置电源、放置基本元器件、放置二极管、放置晶体管、放置模拟元器件、放置 TTL 元器件、放置 CMOS 元器件、放置其他数字元器件、放置混合元器件、放置指示器元器件、放置功率元器件、放置其他元器件、放置高级外设元器件、放置射频元器件、放置机电类元器件、放置 NI 元器件、放置连接器类元器件、放置单片机类元器件、层次块来自文件以及总线。常用元器件的使用方法将在 3.2.2 节阐述。

图 3.19　元器件栏

3.1.5　仪器仪表栏

Multisim 14.0 的仪器仪表栏如图 3.20 所示，它集中了各种虚拟的仪器仪表，用户左击按钮就可以选择相应的仪器仪表对仿真电路进行观测，其按钮从左到右分别为数字万用表、函数信号发生器、功率表、示波器、四通道示波器、波特图示仪、频率计数器、数字信号发生器、逻辑转换器、逻辑分析仪、IV 分析仪、失真分析仪、频谱分析仪、网络分析仪、安捷伦函数信号发生器、安捷伦万用表、安捷伦示波器、泰克示波器、LabVIEW 仪器、NI ELVISmx 仪器和电流探头。本课程中常用仪表仪器的使用方法将在 3.2.3 节阐述。

图 3.20　仪器仪表栏

3.2　基本操作

3.2.1　界面设置

在分析电路之前，我们需要绘制电路图。绘制电路图的操作是在设计窗口中完成

的。根据电路图的复杂程度,我们可以合理设置电路图图纸的大小,从而优化电路图的布局。电路图图纸尺寸的设置方法如下:

(1)选择"Options"→"Sheet properties",如图 3.21 所示。

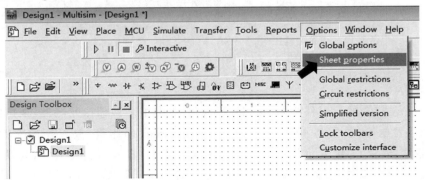

图 3.21　选择"Options"→"Sheet properties"

(2)在弹出的"Sheet Properties"窗口的"Workspace"选项卡中选择固定的图纸尺寸,或者自定义图纸尺寸,最后单击"OK",如图 3.22 所示。

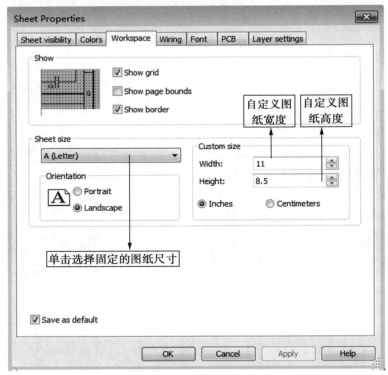

图 3.22　设置电路图的图纸尺寸

3.2.2　电路创建基础

在绘制电路图时,用户需要将所需元器件放置在设计窗口中并用导线连接起来。本节将着重介绍常见元器件的使用、设置和连接方法。

3.2.2.1 电阻

(1)单击"Place Basic"(放置基本器件),如图 3.23 所示。在弹出的"Select a Component"(选择一个元器件)窗口中单击"RESISTOR"(电阻),并选择恰当的阻值,最后单击"OK",如图 3.24 所示。

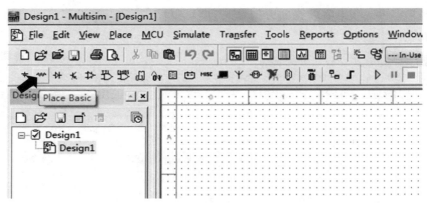

图 3.23 单击"Place Basic"

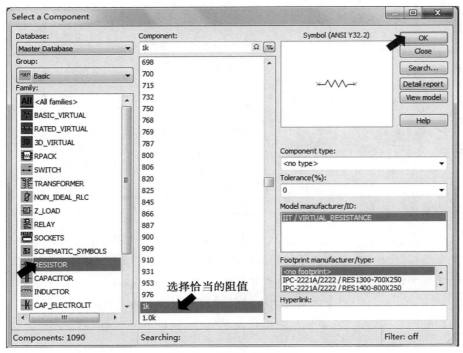

图 3.24 选择恰当的阻值

(2)此时,"Select a Component"窗口关闭,单击并拖动鼠标,将电阻图标(见图 3.25)放置在电路图图纸的恰当位置上。

图 3.25　电阻图标

（3）"Select a Component"窗口会再次弹出，如果不再需要放置元器件，可关闭弹出的窗口。

（4）如果需要改变电阻放置的方向，右击电阻图标，并单击弹出菜单中的相应按钮，如图 3.26 所示。

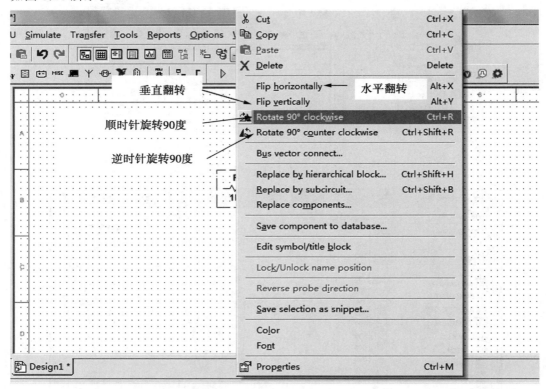

图 3.26　改变电阻的放置方向

（5）如果需要修改电阻的标志符，双击电阻图标，在弹出的"Resistor"窗口中选择"Label"选项卡，并在"RefDes："中填写新的电阻标志符，最后单击"OK"，如图 3.27 所示。

（6）如果需要修改电阻的阻值，双击电阻图标，在弹出的"Resistor"窗口中选择"Value"选项卡，在"Resistance(R)："中填写新的电阻阻值，最后单击"OK"，如图 3.28 所示。

（7）如果需要删除电阻，单击电阻图标将其选中，然后单击"Delete"。

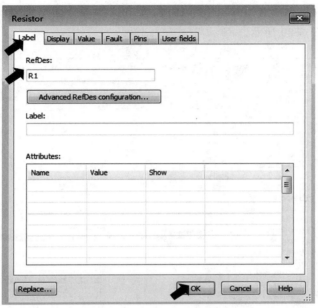

图 3.27 修改电阻的标志符

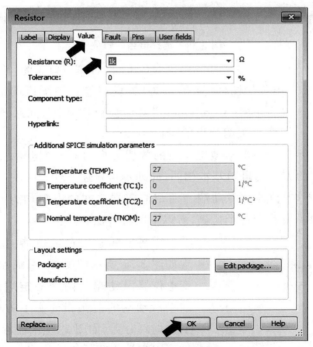

图 3.28 修改电阻的阻值

3.2.2.2 电位器

(1)单击"Place Basic",在弹出的"Select a Component"窗口中单击"POTENTIOM-

ETER"(电位器),并选择恰当的阻值(该阻值为电位器两个固定端之间的总电阻值),最后单击"OK",如图 3.29 所示。

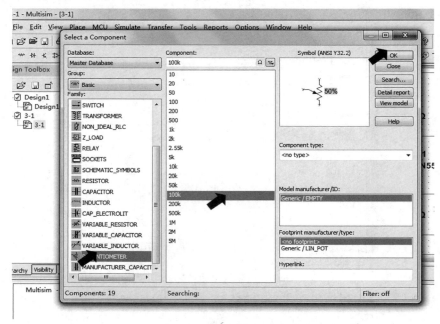

图 3.29　选择恰当的阻值

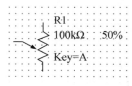

图 3.30　电位器图标

　　(2)此时"Select a Component"窗口关闭,单击并拖动鼠标,将电位器图标(见图 3.30)放置在电路图图纸的恰当位置上。这时"Select a Component"窗口会再次弹出,如果不再需要放置元器件,可关闭弹出的窗口。

　　(3)修改电位器的放置方向、两个固定端之间的总阻值、标志符以及删除电位器的方法与电阻基本相同,此处不再赘述。

　　(4)一般情况下,电位器的滑动端与两个固定端之间的电阻均为两个固定端之间总电阻的 50%。如果需要改变这个比例,有以下两种方法:

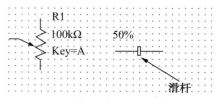

图 3.31　电位器滑杆

　　①将鼠标悬停在电位器上,这时图纸上会出现如图 3.31 所示的滑杆,用鼠标拖动滑杆,便可改变电位器滑动端与两个固定端之间的电阻阻值。如果滑动端的箭头指向右下方(见图 3.31),滑杆上方的百分数(如图 3.31 中显示的 50%)为滑动端与下固定端之间的电阻阻值占两个固定端之间总阻值的百分比。

　　②使用快捷键来调整比例:如果电位器的图标中出现"Key=A",意味着按下"A"键就可以按照固定的增量增加滑动端与下固定端之间的电阻阻值占总阻值的百分比。同时,按下"A+Shift"键就可以减小这个百分比。如果需要改变快捷键,双击电位器图标,

在弹出的"Potentiometer"窗口中选择"Value"选项卡,在"Key:"的下拉菜单中选择新的快捷键,最后单击"OK",如图 3.32 所示。

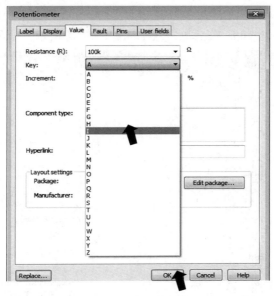

图 3.32　修改快捷键

不论使用哪种调节方式,调节精度都可以改变。具体的步骤如下:双击电位器图标,在弹出的"Potentiometer"窗口中选择"Value"选项卡,在"Increment:"中填写新的调节精度,最后单击"OK",如图 3.33 所示。若在"Increment:"中输入"0.1",则滑动端与两个固定端之间的电阻阻值占总阻值的百分比将以 0.1% 的精度调节。

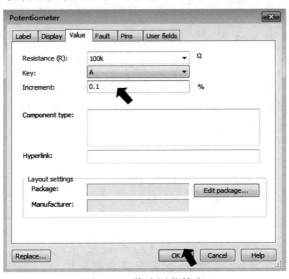

图 3.33　修改调节精度

3.2.2.3　普通电容

（1）单击"Place Basic"，在弹出的"Select a Component"窗口中单击"CAPACITOR"（电容），并选择恰当的电容量，最后单击"OK"，如图 3.34 所示。

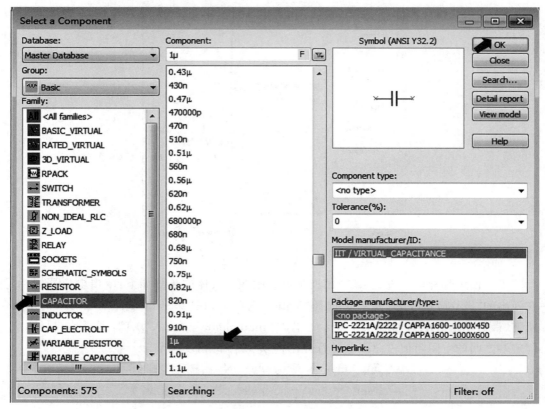

图 3.34　选择具有恰当电容量的电容

（2）此时"Select a Component"窗口关闭，单击并拖动鼠标，将电容图标（见图 3.35）放置在电路图图纸的恰当位置上。这时"Select a Component"窗口会再次弹出，如果不再需要放置元器件，可关闭弹出的窗口。

图 3.35　电容图标

（3）修改电容的放置方向、电容量、标志符以及删除电容的方法与电阻基本相同，此处不再赘述。

3.2.2.4　电解电容

电解电容是具有"极性"的电容。使用时,电解电容的正极应与电源的"＋"极相连,负极应与电源的"－"极相连,具体步骤如下:

(1)单击"Place Basic",在弹出的"Select a Component"窗口中单击"CAP_ELEC-TROLIT"(电解电容),并选择恰当的电容量,最后单击"OK",如图 3.36 所示。

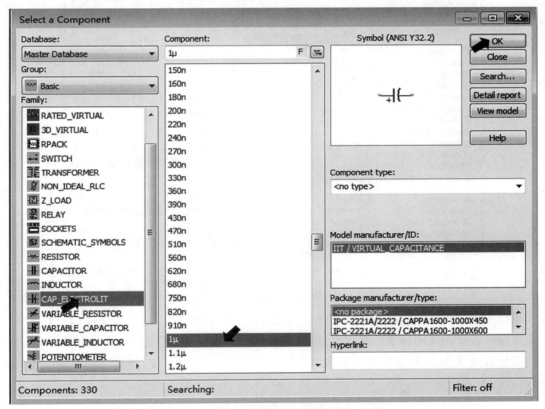

图 3.36　选择具有恰当电容量的电解电容

(2)此时"Select a Component"窗口关闭,单击并拖动鼠标,将电解电容图标(见图 3.37)放置在电路图图纸的恰当位置上。这时,"Select a Component"窗口会再次弹出,如果不再需要放置元器件,可关闭弹出的窗口。

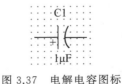

图 3.37　电解电容图标

(3)修改电解电容的放置方向、电容量、标志符以及删除电解电容的方法与电阻基本相同,此处不再赘述。

3.2.2.5 开关

（1）单击"Place Basic"，在弹出的"Select a Component"窗口中单击"SWITCH"（开关），并选择恰当的开关（例如图 3.38 中的 DIPSW1），最后单击"OK"，如图 3.38 所示。

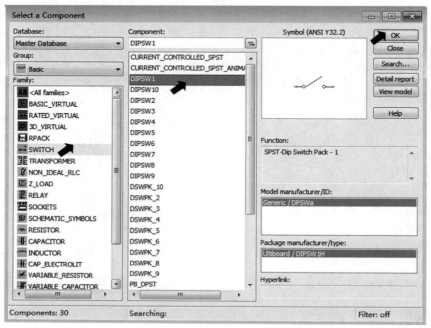

图 3.38 选择开关

（2）此时"Select a Component"窗口关闭，单击并拖动鼠标，将开关图标（见图 3.39）放置在电路图图纸的恰当位置上。这时，"Select a Component"窗口会再次弹出，如果不再需要放置元器件，可关闭弹出的窗口。

图 3.39 开关图标

（3）用户可以利用快捷键来控制开关的状态。图 3.39 中开关符号下方标有"Key＝A"，意味着按"A"键可以让开关在"打开"和"闭合"两个状态之间切换。除此之外，直接单击开关也可以完成状态切换。

（4）修改开关的放置方向、标志符以及删除开关的方法与电阻基本相同，此处不再赘述。

3.2.2.6 二极管和稳压二极管

（1）单击"Place Diode"（放置二极管），如图 3.40 所示。在弹出的"Select a Component"窗口中单击"DIODE"（二极管）或"ZENER"（稳压二极管），并选择恰当的型号,最后单击"OK",如图 3.41 所示。

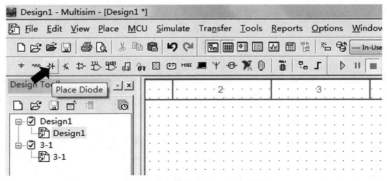

图 3.40　单击"Place Diode"

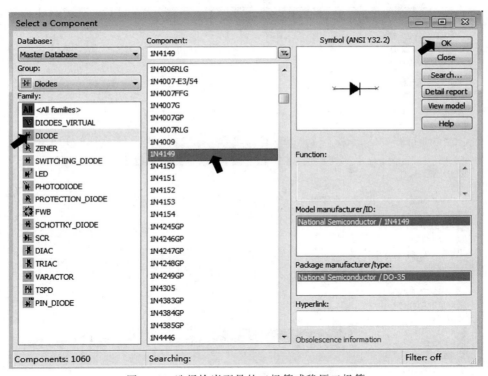

图 3.41　选择恰当型号的二极管或稳压二极管

(2)此时"Select a Component"窗口关闭,单击并拖动鼠标,将二极管或稳压二极管图标(见图 3.42)放置在电路图图纸的恰当位置上。这时,"Select a Component"窗口会再次弹出,如果不再需要放置元器件,可关闭弹出的窗口。

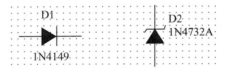

图 3.42　二极管和稳压二极管图标

（3）修改二极管和稳压二极管的放置方向、标志符以及删除它们的方法与电阻基本相同，此处不再赘述。

3.2.2.7　晶体管

（1）单击"Place Transistor"（放置晶体管），如图 3.43 所示。在弹出的"Select a Component"窗口中选择恰当的器件（例如图 3.44 中的 BJT-NPN）和型号（例如图 3.44 中的 2N5551），最后单击"OK"，如图 3.44 所示。

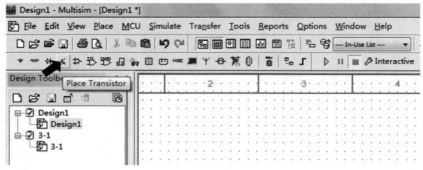

图 3.43　单击"Place Transistor"

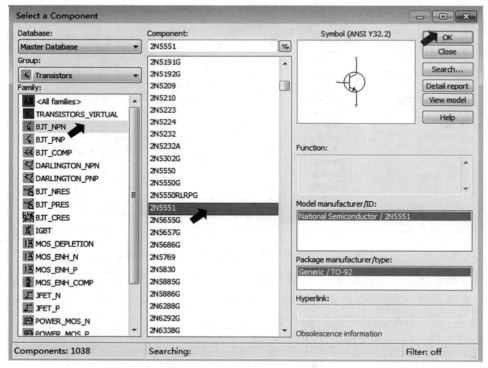

图 3.44　选择恰当的晶体管和型号

（2）此时"Select a Component"窗口关闭，单击并拖动鼠标，将晶体管图标（见图3.45）放置在电路图图纸的恰当位置上。这时，"Select a Component"窗口会再次弹出，如果不再需要放置元器件,可关闭弹出的窗口。

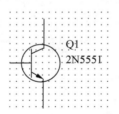

图 3.45 NPN 型晶体管 2N5551 图标

(3)修改晶体管的放置方向、标志符以及删除晶体管的方法与电阻基本相同。

如果需要修改晶体管 2N5551 的模型,可参考以下步骤:

①双击晶体管 2N5551 的图标,在弹出的"BJT_NPN"窗口中选择"Value"选项卡,再单击"Edit Model",如图 3.46 所示。

②在弹出的"Edit Model"窗口中修改模型的相关信息,如图 3.47 所示。

③单击"Change component"按钮,此时被选中的晶体管 2N5551 的模型信息将被修改。

(4)如果活动工作区(active workspace)中有多个相同型号的元器件,例如有两个晶体管 2N5551,单击"Change all 2 components",则活动工作区中所有 2N5551 的模型信息都将被修改。

图 3.46 修改 2N5551 的模型

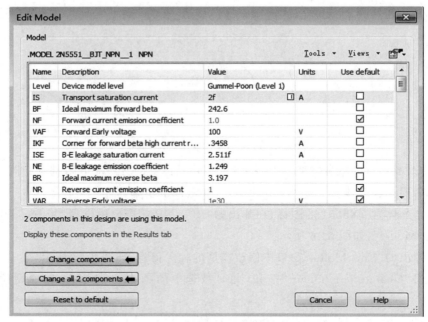

图 3.47 在"Edit Model"窗口中修改模型信息

3.2.2.8 集成运算放大器

（1）单击"Place Analog"（放置模拟元器件），如图 3.48 所示。在弹出的"Select a Component"窗口中单击"OPAMP"，并选择恰当的器件（例如图 3.49 中的 LM324AD），最后单击"OK"，如图 3.49 所示。

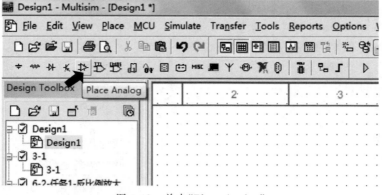

图 3.48 单击"Place Analog"

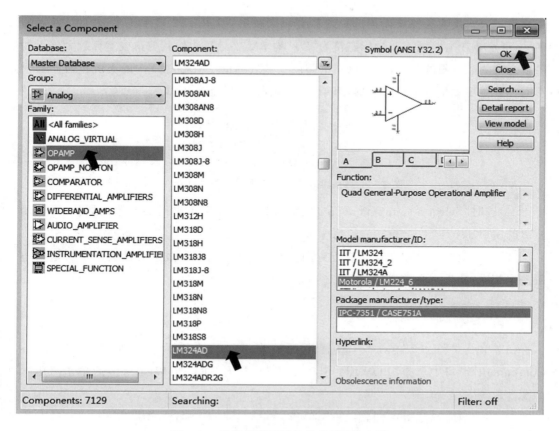

图 3.49　选择恰当型号的集成运算放大器

（2）此时"Select a Component"窗口关闭。由于 LM324AD 由四个集成运算放大器构成（分别用字母 A、B、C 和 D 来表示），此时屏幕上会出现图 3.50 所示的选择窗口。单击 A、B、C 或 D，选择 LM324AD 中的一个运放（例如选择集成运算放大器 A后），选择窗口将自动关闭。单击并拖动鼠标，将集成运算放大器的图标放置在电路图图纸的恰当位置上，该集成运算放大器在电路图图纸上的标志符为"U1A"（见图 3.51），意为标志符为"U1"的 LM324AD 中的集成运算放大器 A。

图 3.50　运放选择窗口

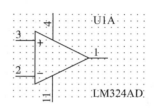

图 3.51　LM324AD 图标

（3）然后，集成运算放大器选择窗口会再次跳出，如图 3.52 所示。单击"U1"后面的字母，可选择在电路图上放置标志符为"U1"的 LM324AD 中的其他集成运算放大器。如果单击"New"后面的字母，则可以在电路图上放置新的 LM324AD 中的集成运放。如果不需要放置更多集成运算放大器，可单击"Cancel"关闭窗口。

图 3.52　再次显示的集成运算放大器选择窗口

（4）这时"Select a Component"窗口会再次弹出，如果不再需要放置元器件，可关闭弹出的窗口。

（5）修改集成运算放大器的放置方向、标志符以及删除集成运算放大器的方法与电阻基本相同，此处不再赘述。

3.2.2.9　直流电压源

（1）单击"Place Source"（放置电源），如图 3.53 所示。在弹出的"Select a Component"窗口中选择"POWER_SOURCES"，单击"DC_POWER"，最后单击"OK"，如图 3.54 所示。

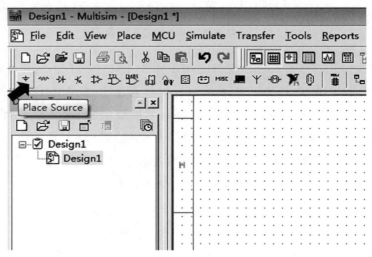

图 3.53　单击"Place Source"

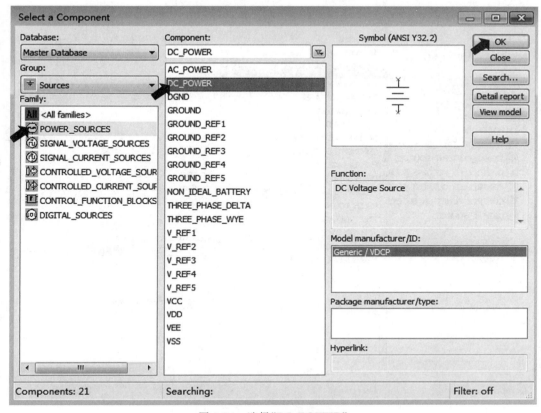

图 3.54　选择"DC_POWER"

（2）此时"Select a Component"窗口关闭，单击并拖动鼠标，将直流电压源图标（见图 3.55）放置在电路图图纸的恰当位置上。这时"Select a Component"窗口会再次弹出，如果不再需要放置元器件，可关闭弹出的窗口。

（3）修改直流电压源的放置方向、电压值、标志符以及删除直流电压源的方法与电阻基本相同，此处不再赘述。

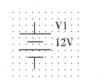

图 3.55　直流电压源图标

3.2.2.10　交流电压源

（1）单击"Place Source"，在弹出的"Select a Component"窗口中选择"SIGNAL_VOLTAGE_SOURCES"，单击"AC_VOLTAGE"，最后单击"OK"，如图 3.56 所示。

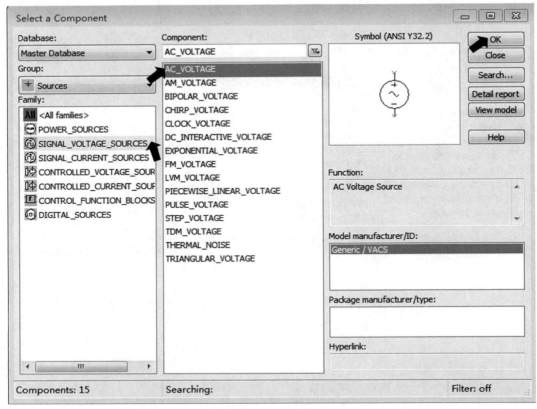

图 3.56　选择"AC_VOLTAGE"

（2）此时"Select a Component"窗口关闭，单击并拖动鼠标，将交流电压源图标（见图 3.57）放置在电路图图纸的恰当位置上。这时"Select a Component"窗口会再次弹出，如果不再需要放置元器件，可关闭弹出的窗口。

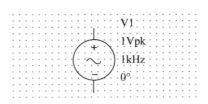

图 3.57　交流电压源图标

（3）修改交流电压源的放置方向、标志符以及删除交流电压源的方法与电阻基本相同，此处不同赘述。

如果需要修改交流电压源电压的幅值和频率，可参考以下步骤：双击交流电压源图标，在弹出的"AC_VOLTAGE"窗口中选择"Value"选项卡，在"Voltage（Pk）："中填写新的电压幅值，在"Frequency（F）："中填写新的频率，最后单击"OK"，如图 3.58 所示。

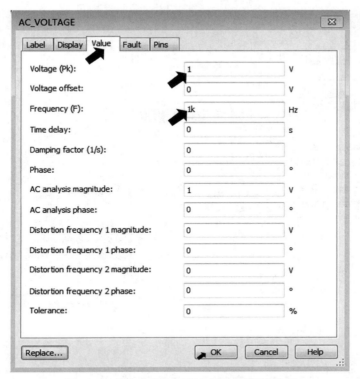

图 3.58　修改交流电压源电压的幅值和频率

3.2.2.11　接地

（1）单击"Place Source"，在弹出的"Select a Component"窗口中选择"POWER_SOURCES"，单击"GROUND"，最后单击"OK"，如图 3.59 所示。

（2）此时"Select a Component"窗口关闭，单击并拖动鼠标，将接地图标（见图 3.60）放置在电路图图纸的恰当位置上。这时"Select a Component"窗口会再次弹出，如果不再需要放置元器件，可关闭弹出的窗口。

（3）修改接地的放置方向以及删除接地的方法与电阻基本相同，此处不再赘述。

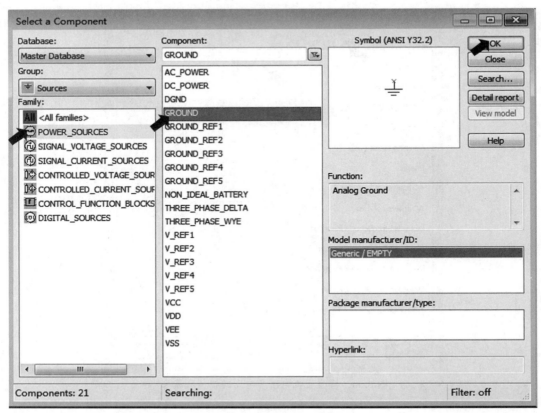

图 3.59 选择"GROUND"

图 3.60 接地图标

3.2.2.12 元器件的连接

(1)将鼠标指针悬停在元器件的引脚上,单击并拖动鼠标,在导线需要拐弯处再次单击,则该点被固定下来,导线可以在该点处转折。到达终点引脚时,单击即可完成连接,如图 3.61 所示。

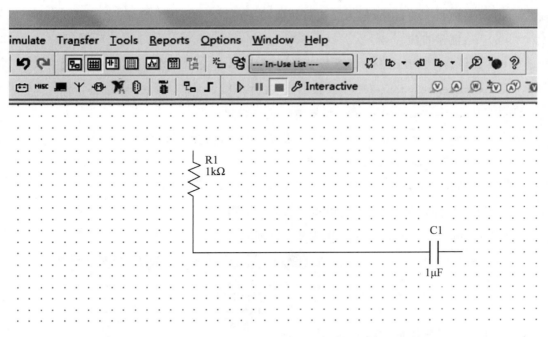

图 3.61　元器件的连接

（2）如果需要删除导线，单击导线将其选中，再按"Delete"键即可。

3.2.3　仪器仪表的使用

3.2.3.1　万用表

万用表可以用来测量交直流电压、电流，电阻以及两点之间的分贝损耗。若要使用万用表，选择菜单栏中的"Simulate"→"Instruments"→"Multimeter"，或者直接单击仪器仪表栏中的"Multimeter"按钮（即 ⊡）。单击并拖动鼠标，可将万用表（见图 3.62）放置在电路图图纸的恰当位置上。

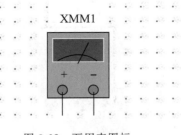

图 3.62　万用表图标

双击万用表图标，会弹出万用表参数设置窗口，如图 3.63 所示。该窗口中各个按钮的功能如下：

（1）A：测量电流。

（2）V：测量电压。

（3）Ω：测量电阻。

（4）dB：测量分贝值。

（5）～：测量交流（测量值为交流有效值）。

（6）—：测量直流。

（7）Set...：打开万用表内部参数设置窗口（见图 3.64），其各项参数的功能如下：

①Ammeter resistance(R)：设置电流表的内阻。

②Voltmeter resistance(R)：设置电压表的内阻。

③Ohmmeter current(I)：设置欧姆表测量时流过它的电流值。

④dB relative value(V)：dB 相对值。

⑤Ammeter overrange(I)：电流测量显示范围。

⑥Voltmeter overrange(V)：电压测量显示范围。

⑦Ohmmeter overrange(R)：电阻测量显示范围。

图 3.63　万用表参数设置窗口

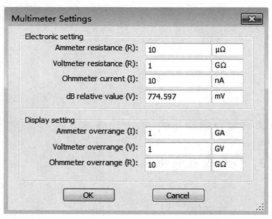

图 3.64　万用表内部参数设置窗口

3.2.3.2　函数发生器

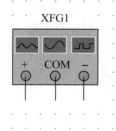

图 3.65　函数发生器图标

函数发生器可以提供正弦波、三角波和方波等不同波形的信号。若要使用函数发生器，选择菜单栏中的"Simulate"→"Instruments"→"Function generator"，或者直接单击仪器仪表栏中的"Function generator"按钮（即　）。单击并拖动鼠标，将函数发生器图标（见图 3.65）放置在电路图图纸的恰当位置上。

双击函数发生器图标，会弹出函数发生器设置窗口，如图 3.66 所示。该窗口中各个部分的功能如下：

（1）Waveforms："Waveforms"项中的三个按钮用于选择输出电压的波形，从左到右分别为正弦波、三角波和方波。

（2）Signal options：Frequency 用于设置输出电压的频率；Duty cycle 用于设置方波和三角波的占空比；Amplitude 用于设置输出电压的幅度；Offset 用于设置输出电压的偏置值，即输出电压中直流成分的大小。

（3）Set rise/Fall Time：用于设置方波的上升和下降时间，单击该按钮将出现如图 3.67 所示的窗口。在该窗口中设置上升和下降时间后单击"OK"按钮完成设置，单击"Default"按钮则恢复默认设置，单击"Cancel"按钮将取消设置。

图 3.66　函数发生器设置窗口

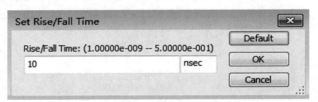

图 3.67　方波的上升/下降时间设置窗口

3.2.3.3　双踪示波器

双踪示波器可用来显示电信号波形的形状、大小和频率等参数。若要使用双踪示波器，选择菜单栏中的"Simulate"→"Instruments"→"Oscilloscope"，或者直接单击仪器仪表栏中的"Oscilloscope"按钮（即　　　）。单击并拖动鼠标，将双踪示波器图标（见图 3.68）放置在电路图图纸的恰当位置上。

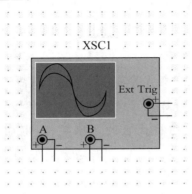

图 3.68　双踪示波器图标

双击双踪示波器图标会弹出示波器面板,如图 3.69 所示。面板各个部分的作用分别如下:

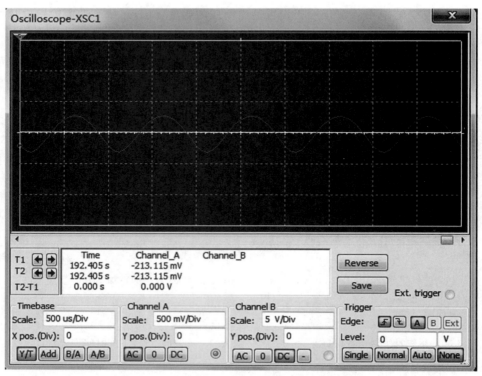

图 3.69　示波器面板

(1)Timebase:用于设置 X、Y 轴。

① Scale:设置 X 轴方向每格代表的时间,例如图 3.69 中"Scale:"输入框中填写的"500 us/Div"意味着 X 轴方向每格为 500 μs。

②X pos.(Div):设置 X 轴位移,控制 X 轴的起始点。

③Y/T 按钮、Add 按钮、B/A 按钮和 A/B 按钮用于设置表示显示方式。Y/T 按钮表示面板中 X 轴显示时间刻度,Y 轴显示电压信号的幅度。Add 按钮表示面板中 X 轴显示时间刻度,Y 轴显示 A、B 通道输入信号之和。B/A 按钮表示 X 轴显示 A 通道信号,Y 轴显示 B 通道信号。A/B 按钮表示 X 轴显示 B 通道信号,Y 轴显示 A 通道信号。

(2)Channel A 和 Channel B:用于设置 A、B 通道信号显示。

①Scale:设置 Y 轴方向每格代表的电压数值,例如图 3.69 中 Channel A 项的"Scale:"输入框中填写的"500 mV/Div"意味着对于 A 通道信号,Y 轴方向每格为 500 mV。

②Y pos.(Div):设置 Y 轴位移,用于控制 Y 轴的起始点。

③AC 按钮、0 按钮和 DC 按钮用于设置信号输入方式。AC 按钮表示只显示信号的交流部分。0 按钮表示输入信号与大地短接。DC 按钮表示面板将显示信号的交、直流分量叠加后的结果。

（3）Trigger：用于设置示波器的触发方式。

①Edge：用于选择触发信号，例如 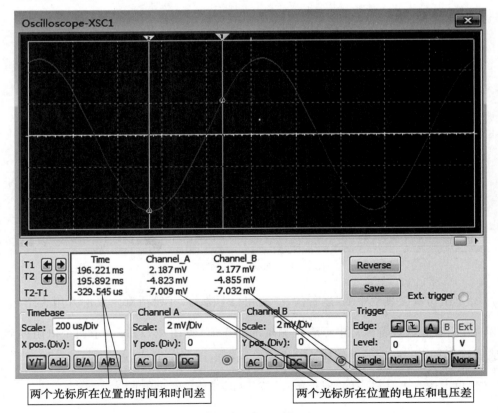和 分别表示利用输入信号的上升沿和下降沿作为触发信号。

②Level：用于设置触发电平的大小。

③Single：用于设置单脉冲触发方式。

④Normal：当触发电平要求被满足时，采样显示输出一次。

⑤Auto：用于设置自动触发方式。

（4）显示区：用于显示和设置波形数据。

①Reverse：改变示波器屏幕的背景颜色。

②Save：以 ASCII（美国信息交换标准代码）文件形式保存波形读数。

③光标及数据区：用于显示波形数据，其说明如图 3.70 所示。

图 3.70　光标及数据区说明

3.2.4　电路原理图的建立与仿真

下面以一个简单的串联分压电路为例,介绍电路原理图的建立与仿真步骤。

(1)设置工作环境:①单击标准工具栏中的"新建文件"按钮(即 ▯)。在弹出的"New Design"窗口中选择"Blank and recent"→"Blank",最后单击"Create",如图 3.71 所示。②单击标准工具栏中的"保存文件"按钮(即 ▯),将文件保存为"串联分压电路.ms14"。

(2)按照 3.2.1 节和 3.2.2 节介绍的方法,设置电路图图纸的尺寸,并依照图 3.72 绘制电路图。

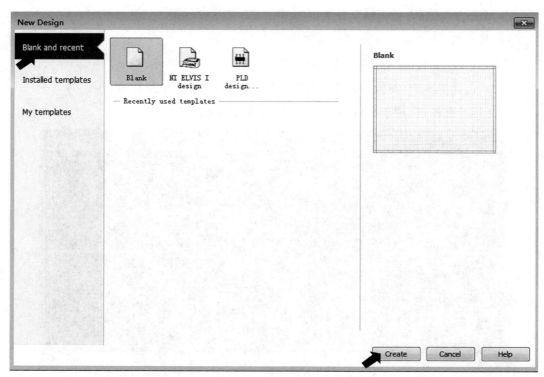

图 3.71　"New Design"窗口

(3)单击仿真工具栏中的"运行仿真"按钮(即 ▷),开始仿真。双击万用表图标,在弹出的万用表参数设置窗口中可看到测量的电压值(见图 3.73)。由于两个电阻的阻值都是 1 kΩ,所以R2两端的电压应该是直流电压源电压的一半(即 6 V)。

(4)单击仿真工具栏中的"停止仿真"按钮(即 ▯),停止仿真。

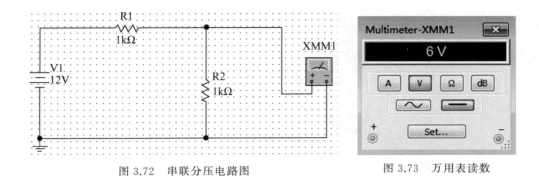

图 3.72　串联分压电路图　　　　　　图 3.73　万用表读数

3.3　基本分析方法

Multisim 14.0 提供了多种分析方法。本节将重点介绍直流工作点分析和交流分析。

3.3.1　直流工作点分析

直流工作点分析用于测量电路的静态工作点。分析时电路中的电感短路,电容开路,交流源被置零。本节以图 3.74 所示共发射极放大电路为例,介绍直流工作点分析的步骤:

(1)选择菜单栏中的"Simulate"→"Analyses and simulation",在弹出的"Analyses and Simulation"窗口中选择"DC Operating Point",如图 3.75 所示。

(2)单击"Output"(输出)选项卡,"Variables in circuit"(电路中的变量)列表中列出了所有可选的输出变量。选中用于分析的输出变量,如节点 2 的电压 V(2),单击"Add"(添加)按钮,即可将其加入"Selected variables for analysis"(选中用于分析的变量)列表中。在仿真结束后,该列表中的变量会在仿真结果中显示出来。如果"Selected variables for analysis"列表中有不需要显示的输出变量,选中后单击"Remove"(移除)按钮即可移除。

(3)关闭"Analyses and Simulation"窗口后单击仿真工具栏中的 ▷ 按钮,即可开始仿真。此时,"Grapher View"窗口将弹出,显示仿真结果(见图 3.76)。

(4)如果电路图上没有显示节点号,选择菜单栏中的"Options"→"Sheet properties",在弹出的"Sheet properties"窗口中单击"Sheet visibility"选项卡,选择"Net names"栏中的"Show all"选项,最后单击"OK",如图 3.77 所示。

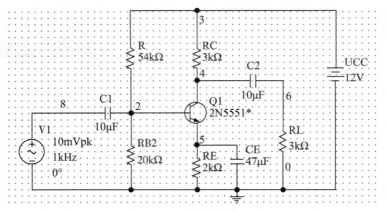

图 3.74 共发射极放大电路

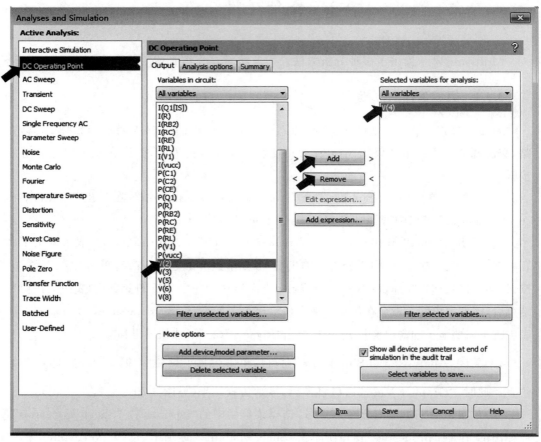

图 3.75 直流工作点分析

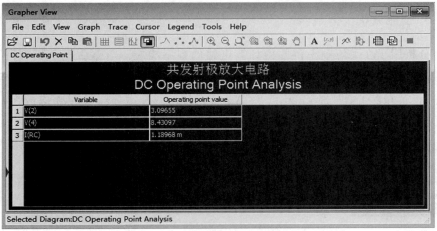

图 3.76　直流工作点分析结果

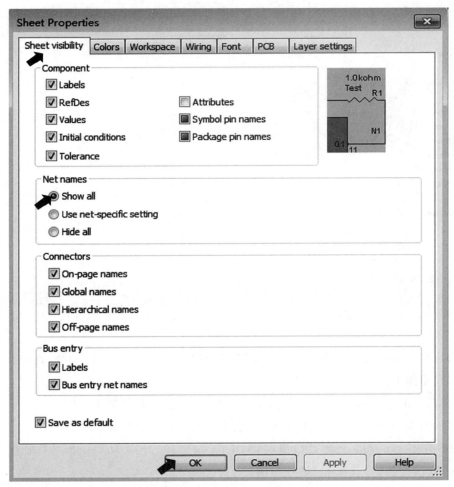

图 3.77　在电路图上显示节点号

3.3.2 交流分析

交流分析用于在一定频率范围内计算电路的频率响应。电路中至少要有一个交流电源,才能进行交流分析。交流分析的步骤如下:

(1)选择菜单栏中的"Simulate"→"Analyses and simulation",在弹出的"Analyses and Simulation"窗口中选择"AC Sweep",如图 3.78 所示。

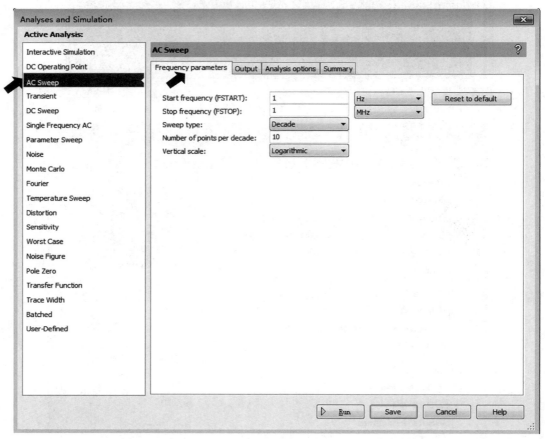

图 3.78　交流分析

(2)在"Frequency parameters"(频率参数)选项卡中设置恰当的参数,其中各项参数的功能介绍如下:

①Start frequency (FSTART):用于设置交流分析的起始频率。

②Stop frequency (FSTOP):用于设置交流分析的终止频率。

③Sweep type:用于设置扫描类型,有三种选择,分别为 Decade(十倍程扫描)、Octave(八倍程扫描)、Linear(线性扫描)。

④Number of points (per decade 或 per octave):用于设置测试点数目。

⑤Vertical scale：用于设置纵坐标刻度，有四种选择，分别为 Linear（线性）、Logarith-mic（对数）、Decibel（分贝）、Octave（八倍）。

⑥Reset to default：重置默认值。

（3）在"Output"（输出）选项卡中设置输出变量，方法与直流工作点分析相同。

（4）关闭"Analyses and Simulation"窗口后单击仿真工具栏中的 ▷ 按钮，即可开始仿真。此时"Grapher View"窗口将弹出，显示仿真结果，如图 3.79 所示。

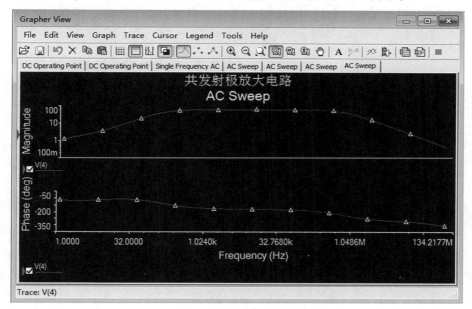

图 3.79　交流分析结果

3.3.3　其他分析

除了直流工作点分析和交流分析之外，Multisim 14.0 还提供了瞬态分析、直流扫描分析、噪声分析、蒙特卡罗分析、傅里叶分析以及灵敏度分析等 17 种分析方式，由于篇幅有限，本章将不作详细介绍。

第四章 印制电路板的设计与制作

4.1 印制电路板

印制电路板(Printed Circuit Board,PCB)也称"印制电路板""印刷线路板",简称"印制板",是电子元器件的支撑体,也是电子元器件电气连接的提供者。用印制电路板制造的电子产品具有可靠性高、一致性好、机械强度高、质量轻、体积小、易于标准化等优点,在电子工业中已被广泛应用。几乎每种电子设备,小到电子手表、计算器,大到计算机、通信设备、电子雷达系统,只要存在电子元器件,它们之间的电气互连就要使用印制电路板。因此,印制电路板的设计与制作已成为学习电子技术和制作电子装置的基本功之一。

在印制电路板出现之前,电子元器件之间的互连都是依靠电线直接连接而成。20 世纪初,为了简化电子设备的制作,减少电子元器件间的配线,降低成本,人们开始研究以印刷的方式取代配线。1936 年,奥地利人保罗·爱斯勒(Paul Eisler)首次发明了箔膜技术,并在收音机装置内采用了印制电路板。20 世纪 50 年代中期,大面积的高黏合强度覆铜板的研制为大量生产印制电路板提供了材料。20 世纪 60 年代,印制电路板得到了广泛应用,并日益成为电子设备中必不可少的部件。近几十年来,我国印制电路板制造行业迅猛发展,总产值、总产量都居世界首位,已经成为全球最重要的印制电路板生产国。

未来,印制电路板生产制造技术将在性能上向高密度、高精度、细孔径、细导线、小间距、高可靠、多层化、高速传输、轻量、薄型等方向发展。

4.1.1 印制电路板的类别与组成

4.1.1.1 印制电路板的类别

根据板面上印制电路的层数,印制电路板可分为单面板、双面板和多层板。

(1)单面板:单面板是指仅一面有印制电路的印制电路板。单面板是早期电路使用的板子,元器件集中在其中一面(即元件面),印刷电路则集中在另一面(即印制面或焊接面),两者通过焊盘中的引线孔形成连接。单面板在设计线路上有许多严格的限制(如布线不能交叉),所以只有早期的电路才使用单面板。

(2)双面板:双面板的两面都有布线。但是,要使用两面的导线,两面间必须要有适当的电路连接,这种电路间的"桥梁"称为"导孔"。导孔是在 PCB 上,充满或涂有金属的小洞,它可以与两面的导线相连接。双面板的面积比单面板大了一倍,而且双面板解决了单面板的布线限制(可以通过导孔通到另一面),因此双面板更适合用在比较复杂的电路上。

(3)多层板:多层板是指由多于两层的印制电路与绝缘材料交替黏结在一起,且层间导电图形互连的印制电路板。若用一块双面板作内层、两块单面板作外层,每层板间放一层绝缘层后压合,便有了一个多层印制电路板,其结构说明如图 4.1 所示。

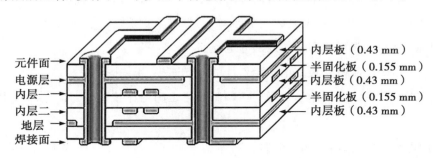

图 4.1 多层印制电路板结构说明

多层板的层数有时并不代表独立的布线层层数,因为在特殊情况下会加入空层来控制板厚,通常多层板的层数都是偶数(包含最外侧的两层)。比如,大部分计算机的主机板都是 4~8 层。目前,技术上已经可以做到近 100 层的印制电路板。对于电路板的制作而言,板的层数越多,制作程序就越多,失败率也就越高,成本也相对越高,所以只有在高级电路中才会使用多层板。

根据基板材质强度的不同,印制电路板可分为刚性板、挠性板和刚挠结合板。

(1)刚性板:刚性板是指以不易弯曲、具有一定强韧度的刚性基材制成的印制电路板。刚性基材一般由纸基(常用于单面板)或玻璃布基(常用于双面板及多层板)预浸酚醛或环氧树脂,在表层一面或两面粘上覆铜箔,再层压固化而成。其优点是可以为附着其上的电子元器件提供一定的支撑。常见的印制电路板一般都是刚性板,如计算机中的板卡、家电中的印制电路板等。

(2)挠性板:挠性板也称"柔性印制电路板""软印制电路板",是以软层状塑料或其他软质绝缘材料为基材制成的。挠性板的突出特点是能弯曲、折叠,能连接刚性印制电路板及活动部件,从而能立体布线,实现三维空间互连,且体积小、质量轻、装配方便,适用于空间小、组装密度要求高的电子产品。目前,挠性板在航天、军事、移动通信、手提电脑、计算机外设、数字相机等领域或产品上得到了广泛的应用。

(3)刚挠结合板:刚挠结合板是指在一块印制电路板上包含一个或多个刚性区和柔性区,由刚性板和柔性板层压在一起组成的印制电路板。刚挠结合板的优点是既可以提供刚性板的支撑作用,又具有挠性板的弯曲特性,能够满足三维组装的需求。

4.1.1.2　印制电路板的组成

印制电路板主要由绝缘底板(基板)和印刷电路(又称"导电图形")组成。

(1)基板:基板由绝缘、隔热、不易弯曲的材料制成,常用覆铜板。

(2)印制电路:覆铜板被加工成印制电路板时,许多覆铜部分被腐蚀处理掉,留下来的那些各种形状的铜膜材料就是印制电路,它主要由印制导线、焊盘和过孔等组成。

①印制导线:用于形成印制电路的导电通路。

②焊盘:用于印制电路板上电子元器件的电气连接、元件固定。

③过孔和引线孔:分别用于不同层面印制电路之间的连接以及印制电路板上电子元器件的定位。

(3)助焊膜和阻焊膜:在印制电路板的焊盘表面有许多比焊盘略大的浅色斑痕,这就是为提高焊接性能而涂覆的助焊膜。印制电路板上非焊盘处的铜箔是不能粘锡的,因此印制电路板上焊盘以外的各部位都要涂覆一层绿色或棕色涂料,即阻焊膜。这一绝缘防护层,不但可以防止铜箔氧化,还可以防止桥焊的产生。

(4)丝印层:为了方便元器件的安装和维修,会在印制电路板的板面上印刷一层丝网印刷面(图标面),即丝印层。丝印层上印有标志图案和各元器件的电气符号、文字符号(大多是白色)等,主要用于标示各元器件在印制电路板上的位置。因此,印制电路板上有丝印层的一面常称为"元件面"。

(5)表面处理:由于铜面在一般环境中很容易氧化,导致无法上锡(即焊锡性不良),

因此会在要粘锡的铜面上进行保护。保护的方式有喷锡、化金、化银、化锡以及涂有机保焊剂。这些方法各有优缺点,被统称为"表面处理"。

4.1.2　覆铜板

覆铜板(Copper Clad Laminate,CCL)的全称为"覆铜箔层压板",是通过黏结或热挤压工艺将一定厚度的铜箔牢固地黏附在绝缘基板上的板材。覆铜板的性能与绝缘基板的材料及厚度、铜箔的纯度和厚度以及黏合剂的品质等直接相关。

1936 年,保罗·爱斯勒首次发明印制电路板时,采用简单的印刷技术将电路印到绝缘基板上,然后将导电材料沿着印好的线路粘贴上,这种制造印制电路板的方法称为"加成法"。

1953 年日本冲电气工业株式会社、索尼等公司将酚醛纸基覆铜箔层压板应用于电子产品的生产中,这标志着"减成法"的诞生,并逐渐取代加成法。从此,覆铜板成为印制电路板的重要基础材料。减成法的基本原理:在完整的覆铜板上采用一定的技术去除不需要的铜箔,只保留印制线路。去除铜箔的方法主要有化学腐蚀法和刀刻法(包括手工刀刻和机器雕刻)。

4.1.2.1　覆铜板的组成

(1)绝缘基板:覆铜板的基板是由高分子合成树脂和增强材料组成的绝缘层压板。作为黏合剂,合成树脂是基板的主要成分,种类较多,常用的有酚醛树脂、环氧树脂、聚四氟乙烯等。这些树脂材料的性能决定了基板的物理性质、表面电阻率等电气性能。增强材料一般有纸质和布质两种,可决定基板的热性能和机械性能,如耐浸焊性、抗弯强度等。绝缘基板除了可以用来制造覆铜板,还可以作为电气产品的绝缘底板。

常用的覆铜板基板有酚醛树脂基板、环氧树脂基板以及聚四氟乙烯基板三种。

①酚醛树脂基板:用酚醛树脂浸渍绝缘纸或棉纤维板,两面加无碱玻璃布层压制成酚醛树脂基板。酚醛树脂基板的缺点是机械强度低、易吸水及耐高温性较差,优点是价格便宜。民用或低档电子产品中广泛使用由酚醛树脂基板制成的覆铜板,而高档电子产品或工作在恶劣环境和高频条件下的电子设备中极少采用。酚醛树脂基板的标准厚度有 1.0 mm、1.5 mm、2.0 mm 等多种,一般选用 1.5 mm 和 2.0 mm。

②环氧树脂基板:纤维纸或无碱玻璃布用环氧树脂浸渍后热压制成环氧树脂基板。这种基板工作频率可达 100 MHz,耐热性、耐湿性、耐药性、机械强度都比较好。常用的环氧树脂基板有两种:一种是胺类作为固化剂的环氧树脂浸渍玻璃布基板,基板质透明

度、机械加工性能以及耐浸焊性都比较好,但价格偏高;另一种是将环氧树脂和酚醛树脂混合使用制造的环氧酚醛玻璃布基板,具有成本低、质量好的优点。这两种基板的厚度规格较多(0.2~6.4 mm),其中厚度为 1.0 mm 和 1.5 mm 的基板最常用来制造印制电路板。

③聚四氟乙烯基板:无碱玻璃布浸渍聚四氟乙烯分散乳液后热压制成聚四氟乙烯基板,该类基板是一种高度绝缘、耐高温的新型材料。把经过氧化处理的铜箔黏合、热压到这种基板上可制成聚四氟乙烯玻璃布覆铜板,这种覆铜板可以在很宽的温度范围内(−230~260 ℃)工作,间断工作的温度上限甚至达到 300 ℃。聚四氟乙烯基板的介质损耗小,频率特性好,耐潮湿、耐浸焊性及化学稳定性好,抗剥强度高,主要用来制造超高频(微波)电子产品、特殊电子仪器和军工产品的印制电路板。但是,它的成本较高,刚性比较差。

(2)铜箔:铜箔是制造覆铜板的关键材料,必须有较高的导电率和良好的焊接性。铜箔的质量直接影响覆铜板的性能,铜箔表面不得有划痕、砂眼和皱折,且铜纯度不得低于99.8%,厚度误差不得大于±5 μm。按照原电子工业部的标准规定,可采用的铜箔厚度有 18 μm、25 μm、35 μm、50 μm、70 μm 和 105 μm,目前普遍使用的是厚度为 35 μm 的铜箔。铜箔越薄,越容易蚀刻和钻孔,适合于制造线路复杂的高密度印制电路板。铜箔可通过压延法和电解法两种方法制造,其中电解法易于获得表面光洁、无皱折、厚度均匀、纯度高、无机械划痕的高质量铜箔,是生产铜箔的理想工艺。

(3)黏合剂:黏合剂是铜箔能否牢固地附着在基板上的决定因素,覆铜板的抗剥强度也主要取决于黏合剂的性能。常用的覆铜板黏合剂有酚醛树脂、环氧树脂、聚四氟乙烯和聚酰亚胺等。

4.1.2.2　覆铜板的选用

覆铜板主要根据产品的技术要求、工作环境和工作频率等选用,同时还应兼顾经济性。覆铜板选用的基本原则如下:

(1)根据产品的技术要求:产品工作电压的高低决定了印制电路板的绝缘强度要求;产品的机械强度要求决定了基板材质和厚度的选择,不同的材质性能差异较大。设计者应在对产品需求进行技术分析的基础上,合理选用覆铜板。一味选用档次较高的材质不但不经济,而且也是一种资源浪费。如一般军工产品、矿用产品的工作电压高,可选用绝缘性能较好的环氧玻璃布层压板;一般民用产品(如微机、液晶电视、影碟机等)的工作电压低,绝缘要求一般,选用酚醛纸质层压板便可满足要求。

(2)根据产品的工作环境:对于在特种环境条件下工作的电子产品印制电路板,可选用环氧玻璃布层压板或更高档次的板材。

(3)根据产品的工作频率:电子线路的工作频率不同,印制电路板的介质损耗也不同。对于工作在 30～100 MHz 的设备,可选用环氧玻璃布层压板。对于工作在 100 MHz以上的设备,各种电气性能要求相对较高,可选用聚四氟乙烯铜箔板。

(4)根据整机给定的结构尺寸:产品进入印制电路板设计阶段后,整机的结构尺寸已基本确定,安装及固定形式也应给定。设计人员明确印制电路板的结构形状、板面尺寸等一系列问题后,要综合考虑印制电路板的厚度。印制电路板的标称厚度有 0.2 mm、0.3 mm、0.5 mm、0.8 mm、1.5 mm、1.6 mm、2.4 mm、3.2 mm、6.4 mm 等多种。若印制电路板尺寸较大,且有大体积的电解电容、较重的变压器、高压包等器件装入,则板材要选用厚一些的,以加强机械强度,以免翘曲。若电路板是立式插入,且尺寸不大,又无太重的器件,板板可选用薄一些的。若印制电路板对外通过插座连接,插座槽的间隙一般为 1.5 mm,板材过厚则插不进去,过薄则容易造成接触不良。印制电路板厚度的确定还和面积、形状有直接关系,若选择不当,在进行冲击、振动和运输试验时,印制电路板容易损坏,整机性能难以保证。

(5)根据性价比:设计档次较高产品的印制电路板时,一般对覆铜板的价格考虑较少,或不予考虑。因为产品的技术指标要求很高,产品价格昂贵,经济效益也相对较高。对于一般民用产品的设计,在确保质量的前提下,尽量采用廉价的材料。例如,便携式收录机的线路板尺寸小,整机工作环境好,市场价格低,可选用便宜的酚醛纸质层压板,无须选用环氧玻璃布层压板等高档板材。对于计算机等产品,产品印制电路板器件密度大,印制线条窄,印制电路板成本占整机成本的比例小,印制电路板的选用应以保证技术指标为主。由于这类产品利润可观,因此设计时不一定选用低价位的覆铜板。总之,印制电路板的选材非常重要,选材恰当,既能保证整机质量,又不浪费成本;选材不当,不仅会增加成本,还可能降低产品性能。特别是在设计生产批量很大的印制电路板时,性价比的考虑尤为重要。

4.1.3　无铅化电子组装与印制电路板

铅是一种有毒的金属元素,对人体健康和环境的危害十分严重。随着电子产品的普及,考虑到电子产品报废后对环境的危害,许多国家陆续制定了《电气、电子设备中限制使用某些有害物质指令》,无铅化电子组装也越来越受重视。无铅化电子组装对产品的设计、材料的选择和制造工艺等方面都会产生全方位的影响。电子产品无铅化主要分为印制电路板无铅化、元器件无铅化、焊料无铅化三个方面。

（1）印制电路板无铅化：印制电路板无铅化的难度较低，只要基板耐热性能良好，采用不含铅且耐热性能极佳的金属表面处理就可实现。目前普遍采用有机防护涂层（Organic Solder ability Preservatives，OSP）电镀或化学镀镍/金、电镀锡或化学浸锡、电镀银或化学浸银等表面处理方法。在实际应用中，一般消费类电子产品采用 OSP 表面处理就可以满足要求；耐用工业类电子产品多采用镍/金涂层，该类涂层加工过程复杂，成本较高；铂、铑等贵金属涂层只在有特别要求的高性能电子产品中采用，性能好，价格也极高。目前在积极推广的表面处理方法是化学浸锡或化学浸银，该方法处理的产品具有性能好、成本适中的优点，是替代锡铅合金涂层的优良选择。

（2）元器件的无铅化：目前元器件中被动元件（电容、电阻、电感等）的无铅化发展较快。在 RoHS 催化全球无铅运动中，被动元件供货商领先半导体厂商逐步实现产品的无铅化。除了 RoHS 的直接要求以外，各大电子产品生产厂家早已开始向元器件供货商提出产品无铅化的要求。

（3）无铅焊接材料：电子产品的组装、生产所用的焊接材料主要有回流焊接使用的锡膏、波峰焊接使用的锡条和手工焊接使用的焊锡丝三种。无铅焊接材料是产品无铅化中发展最快的一部分，锡银铜合金已成为无铅焊接材料的主流产品。

此外，无铅化焊接技术对焊接设备、焊接工艺的开发以及相应的检测方法和手段也产生了新的影响。

4.1.4　印制电路板互连

一块印制电路板一般不能构成一个电子产品，电子设备或系统通常都会包含若干个印制电路板，印制电路板之间以及印制电路板与其他零部件之间（如面板上的元器件、执行机构等）需要进行电气连接。选用可靠性、工艺性与经济性最佳配合的连接，是设计印制电路板的重要内容之一。

（1）焊接：焊接时不需要任何接插件，只要用导线将印制电路板上的对外连接点与板外的元器件或其他部件直接焊牢即可。焊接的优点为简单、可靠、成本低廉；缺点为互换、维修不方便，批量生产工艺性差。

这种连接方式一般适合于自制设备、电路实验、样机试制等领域，具体有以下四种接法：

①导线焊接。采用该接法时，通常焊接导线的焊盘应尽量安排在印制电路板边缘，并采用适当的方式避免焊盘直接受力。

②排线焊接。两块印制电路板之间采用连接排线,既可靠又不易出现连接错误,且两板相对位置不受限制。

③印制电路板之间直接焊接。该接法常用于两块印制电路板之间以 90°夹角连接,连接后成为一个整体的情况。

④通过标准插针连接。该接法通过标准插针将两块印制电路板连接起来,两块印制电路板一般平行或垂直,容易实现批量、规模生产。

(2)印制电路板/插座连接:印制电路板/插座连接是在印制电路板边缘做出印制插头(俗称"金手指"),这种插头一般含有定位槽,与专用印制电路板插座相配。印制电路板插座有簧片式插头插座和针孔式插头插座两种,实际应用中以针孔式插头插座为主。印制电路板/插座的优点为互换性、维修性能良好,适于标准化、大批量生产;缺点为印制电路板造价提高,对电路板制造精度及工艺要求较高。

(3)插头/插座:适用于印制电路板对外连接的插头、插座种类很多,其中常用的有以下四种:

①条形连接器。条形连接器的连接线数从两根到十几根不等,线间距有 2.54 mm 和 3.96 mm 两种。插座焊接到印制电路板上,插头用压接方式与导线连接。这种连接器通常用于印制电路板对外连接线数不多的场合,如计算机上的电源线、声卡与 CD-ROM(只读光盘)的音频线等。

②矩形连接器。矩形连接器的连接线数从 8 根到 60 根不等,线间距为 2.54 mm,插头采用扁平电缆压接方式。这种连接器常用于连接线数较多且电流不大的场合,如计算机硬盘、光盘驱动器的信号连接,并口、串口的板间连接等。

③D 形连接器。D 形连接器有可靠的定位和紧固,常用的线数有 9 根、15 根、25 根、37 根等,用于对外移动设备的连接,如计算机串、并口对外连接等。

④圆形连接器。在印制电路板对外连接中,圆形连按器主要用于一些专门部件(如计算机键盘、音响设备等)之间的连接。

此外,还有专门用于音频设备、视频设备及直流电源连接的插接件。一块印制电路板上根据需要可采用一种或多种连接方式,例如计算机印制电路板上就采用了多种连接方式。

(4)利用挠性板互连:利用挠性电路板的性能特点,可以很容易地实现印制电路板之间的互连。与其他连接方式相比,这种方式更加灵活可靠,而且可以利用刚挠性电路技术在制造印制电路板时就完成电路板连接,需要时还可以在挠性板上布设电路。

(5)双面印制电路板的两面互连:当双面印制电路板两面的导线需要互连时,可采用金属化孔法、金属空芯铆钉互连法和金属导线穿焊法。金属化孔法是通过金属化孔将印制电路板两面的导线连通,是双面印制电路板连接的典型处理方法。在孔不多的双面互连情况下,可采用金属空芯铆钉互连法或金属导线穿焊法。

4.2　印制电路板的设计基础

作为电子设备中重要的支撑部件,印制电路板的设计是整机工艺设计过程中不可或缺的环节。印制电路板设计不像电路原理设计那样需要严谨的理论和精确的计算,排版布局也没有统一的固定模式。但设计人员必须掌握和遵循一些相关的基本规范和设计原则,以保证元器件之间准确无误地连接,防止干扰,还要尽量做到元器件布局合理、装配和焊接可靠、调试和维修方便,否则将直接影响整机的技术指标与性能。

4.2.1　印制电路板的设计要求

印制电路板种类繁多,不同种类的印制电路板有不同的特点,具体设计要求也不一样,但在设计过程中有一些通用要求。一般地,对于印制电路板的设计要求,通常要从正确性、可靠性、工艺性、经济性四个方面进行考虑。

(1)准确性:准确性是印制电路板设计最基础、最重要的要求。印制电路板的设计要与电路原理图的逻辑关系保持一致,并且要避免出现短路和断路。这一基本要求在手工设计和采用简单 CAD 软件设计印制电路板中并不容易做到,一般较复杂的产品都要经过两轮以上试制、修改。功能较强的 CAD 软件有检验功能,可以保证电气连接的准确性。

(2)可靠性:可靠性是印制电路板设计中较高一层的要求。可靠性与印制电路板的结构、使用环境、基材的选择、布局、布线、制造和安装工艺等因素有关。连接正确的电路板不一定可靠性好,例如板材、板厚选择不合理,安装、固定方式不正确,元器件布局、布线不当等都可能导致印制电路板不能可靠地工作。与单面板、双面板相比,多层板的设计要容易得多,但可靠性却不如单面板、双面板。从可靠性的角度讲,结构越简单,使用元器件越少,板子层数越少,可靠性越高。

(3)工艺性:工艺性是印制电路板设计中更深一层、更不容易达到的要求,是决定印制电路板可制造性(包括可测试性和维修性)和影响产品生产质量的重要因素。应在满足电气要求的情况下,选用有利于制造、安装和维修的印制电路板的结构、元件布局、导线宽度和间距、孔径大小等要素。一般来说,布线密度和导线精度越高,板层越多,结构越复杂,孔径越小,制造的难度越大。

(4)经济性:经济性是印制电路板设计必须要达到的目标。电子产品的市场竞争是残酷的,一个原理先进、技术高新的产品有可能因为经济性而夭折。印制电路板的性能与印制电路板的结构类型、基材种类、加工精度要求等多种因素有关,在满足使用安全、可靠的前提下,印制电路板的设计应力求经济适用。需要注意的是,设计中一些廉价材料的选用可能造成产品工艺性、可靠性变差,导致制造费用、维修费用上升,总体经济性不一定划算。

上述四条设计要求既相互矛盾又相辅相成,不同用途、不同要求的产品侧重点有所不同。对于事关国家安全、防灾救急等领域的产品,应首先考虑可靠性;对于民用低价值产品,应首先考虑经济性。具体产品具体对待,综合考虑以求最好,这是对设计人员综合能力的要求。

4.2.2　印制电路板的设计流程和原则

4.2.2.1　前期准备条件

设计印制电路板的前期准备条件如下:

(1)根据总体设计要求,划分电路单元,确定印制电路板需要容纳的电路以及电路内各元器件的型号、规格和主要尺寸。

(2)确定对元器件的特殊要求,如哪些元器件需要屏蔽、经常调换或更换,导线的工作频率和工作电压高低,以及电路工作时的环境条件等。

(3)确定印制电路板与整机的连接形式以及连接器件的型号规格等。

4.2.2.2　设计流程和原则

(1)选择印制电路板基板:选择印刷电路板基板时应考虑材料、厚度、形状和尺寸等多个因素。

①材料的选择。印制电路板的材料选择必须考虑电气特性和机械特性。电气特性是指基材的绝缘电阻、抗电弧性、印制导线电阻、击穿强度、介电常数及电容等。机械特性是指基材的吸水性、热膨胀系数、耐热性、抗拉强度、抗弯强度、抗冲击强度、抗剪强度和硬度。

一般的民用电子产品可选用价格便宜的敷铜箔酚醛纸基层压板;对于要求较高的仪

器、仪表及军用电子产品，可以选用性能较好，但价格较贵的敷铜箔环氧酚醛玻璃布层压板。

②厚度的确定。基板厚度主要考虑印制电路板的质量承受能力和使用中的机械负荷能力，同时还要考虑板面尺寸大小。

如果只装配集成电路、小功率晶体管、电阻以及电容器等小功率元器件，在没有较强的负荷条件下，可使用厚度为 1.5 mm 的基板。如果板面较大或无法支撑时，应选择 2.0 mm 或 2.5 mm 厚的基板。对于尺寸很小的印制电路板（如计算器、电子表和便携式仪表中用的印制电路板），为降低成本，可选用薄一些的基板。

③形状和尺寸。印制电路板的形状、尺寸通常与整机外形、内部结构及印制电路板上元器件的数量及尺寸等诸多因素有关，并且与其制造、装配方式有密切关系。

从装配工艺角度要考虑两方面：一是便于自动化安装，使设备的性能得到充分利用，安装过程中能使用通用化、标准化的工具和夹具；二是便于将印制电路板组装成不同规格的产品，且安装方便、固定可靠。

印制电路板的外形应尽量简单，一般为矩形，长宽比为 3∶2 或者 4∶3，尽量避免采用异形板；应采用标准系列的尺寸，以便简化工艺，降低加工成本。

（2）设计印制电路板上元器件的排列方式：对印制电路板上的元器件进行排列设计，可以确定印制导线的宽度和间距、焊盘的直径和孔径。印制电路板上元器件的排列方式有不规则排列、坐标排列和坐标网格排列三种。

①不规则排列：元器件在印制电路板平面上可按任意方向排列。这种排列方式虽然在外观上显得有些零乱，但在满足电气特性方面具有一定的优势。采用不规则排列方式可以减少印制导线的长度，从而减少分布电容和接线电感，减少高频干扰，使电路工作稳定，适用于高频（30 MHz 以上）电路。

②坐标排列：元器件的轴向与印制电路板的四边为平行或垂直关系。当印制电路板不是矩形时，元器件的轴向与印制电路板的两直角边或印制电路板的一边为平行或垂直关系。坐标排列的优点是外观整齐，便于检查和维修，常用于频率较低（30 MHz 以下）的电路。

③坐标网格排列：元器件的轴向必须与印制电路板的四边为平行或垂直关系，元器件安装孔的圆心必须放置在坐标网格的交点上。坐标网格排列方式的优点是元器件排列整齐美观，维修时寻找元器件和测试点方便，印制电路板加工时孔位易于对齐，便于自动化生产。

（3）印制电路板上地线的设计：印制电路板上要设计统一的电源线及地线。

①一般将公共地线布置在印制电路板的边缘,便于印制电路板安装在机壳上,也便于与机壳连接。电路中导线与电路板的边缘留有一定距离,便于机械加工,有利于提高电路的绝缘性能。

②设计高频电路时,为减小引线电感和接地阻抗,地线应有足够的宽度,否则容易降低放大器的性能,电路也容易产生自激振荡。

③在许多情况下,印制电路板上每级电路的地线可设计成自封闭回路,以保证每级电路的高频地电流主要在本级回路中流通,而不流过其他级,从而减小级间地电流的耦合。同时,由于电路四周都围有地线,便于接地元器件就近接地,减小了引线电感。但在外界有强磁场的情况下,地线不能接成回路,以免封闭地线组成的线圈产生电磁感应而影响电路的性能。

（4）输入、输出端设计:设计输入、输出端时应遵循以下两条原则。

①输入、输出端应尽量按信号流程顺序排列,使信号便于流通,减小导线之间的寄生干扰。

②输入、输出端的距离应尽可能大,在条件允许的情况下可用地线隔开,减小输入、输出端信号的相互干扰。

（5）绘制排版连线图(单线不交叉图):排版连线图是用简单线条表示印制导线走向和元器件连接的图,设计人员应根据电路原理图绘制排版连线图。

①排版连接图中应尽量避免导线交叉,但可在元器件处交叉,因为元器件跨距处可以通过印制线。

②在复杂的电路中,为避免导线交叉而导致印制导线过长,从而产生干扰,可用"飞线"来解决。"飞线"指在印制导线的交叉处切断一根导线,并从元器件面用一根短接线连接。但是,"飞线"过多会影响印制电路板的质量,因此应尽量少用"飞线"。

③当电路比较简单时,可以不画排版连线图,直接画排版设计草图。

（6）排版设计草图的绘制:为制作照相底图,必须绘制一张排版设计草图。设计人员可根据排版连线图或电路原理图,按元器件大小比例,绘出排版设计草图。

①排版设计草图可根据印制电路板图形密度与精度按 1∶1、2∶1、4∶1 等不同比例进行绘制。

②排版设计草图中应包括版面尺寸、焊盘位置、印制导线的连接与布设、板上各孔的尺寸与位置等,同时图中应注明印制电路板的技术要求。技术要求包括焊盘的内、外径,线宽,焊盘间距及公差,板料及板厚,板的外形尺寸及公差,板面镀层要求,板面助焊、阻焊要求等。

　　印制电路板排版图的设计有很高的灵活性,每个人设计的习惯和经验不同,设计的线路也各不相同,同一种电路原理图可设计出各种不相同的印制电路板排版图。但要得到最佳的设计方案,必须掌握一定的设计原则并经过反复实践。

4.2.3　印制电路板的电磁兼容

　　电磁兼容(Electromagnetic Compatibility,EMC)是指电气系统、电子设备装置在预定的安全界限和电磁环境内,设计的性能水平不因电磁干扰而导致功能降级。也就是说,在同一电磁环境下,各种电路设备和电子系统均能顺利运行但又不相互干扰,能保持良好的兼容状态。

　　随着电子信息技术的发展,印制电路板中电子元器件的密度越来越大,电子产品的频带越来越宽,灵敏度越来越高,功率越来越大,电子产品的电磁兼容问题日益突出。在进行印制电路板设计时,我们不仅要为电子元器件提供正确的电气连接,还要充分考虑电磁兼容和抗干扰问题,以提高印制电路板的可靠性。因此,对电磁兼容性进行设计,保证印制电路板的稳定是整个电路系统设计的核心环节。

　　(1)印制电路板屏蔽设计:印制电路板屏蔽主要是应用各种导电材料,制成壳体与大地相连,以切断静电耦合、感应耦合以及交变电磁场耦合的电磁噪声传播路径。印制电路板屏蔽的一般做法是在印制电路板的辐射元件或敏感元件上安装金属罩。

　　(2)电源线抗干扰设计:电源线是电磁干扰传入电子设备和传出电子设备的主要途径。通过电源线,外部电网上的干扰可以传入电子设备,同样电子设备产生的干扰也可通过电源线传到外部电网。在印制电路板设计时应在电源入口安装一个低通滤波器,以滤除高频信号。

　　(3)导线抗干扰设计:在印制电路板上,多根导线长距离高密度平行可能产生传输通道干扰。设计印制电路板时,高频信号间的布线应尽量避免平行,且导线原则上要尽量短。由于印制电路板中的导线具有电感性,往往会产生较强的电磁辐射,并且这些导线会受到外部电磁干扰,使电路对干扰很敏感,所以在设计印制电路板时应添加信号滤波器以消除高频电磁干扰。

　　(4)元器件抗干扰设计:印制电路板中插接的电阻、电容、晶体管等直插式元器件的引脚在高频时带有电感成分,因此在设计印制电路板时可将直插式元器件用表贴式元器件代替,以消除其电感成分。

　　印制电路板中的电磁兼容设计不仅技术性强,而且需要大量的工作积累。以上仅简单地介绍了一些电磁兼容与抗干扰的注意事项。随着印制电路板制造工艺和电磁兼容学的逐步发展,在未来的印制电路板设计中人们还会遇到更多的问题。希望大家在学习和实践中不断摸索,解决电磁干扰问题。

4.2.4　印制电路板的制造

印制电路板的制造工艺发展很快,不同类型和不同要求的印制电路板采用的工艺也不相同,但在这些不同的工艺制造流程中,有许多必不可少的基本环节是类似的。

4.2.4.1　底图胶片制版

在印制电路板的生产过程中,任何制造工艺都需要使用符合质量要求的 1∶1 的底图胶片(也称"原版底片",在生产时还要把它翻拍成生产底片)。获得底图胶片的方法有两种:一种是 CAD 光绘法,即利用计算机辅助设计系统和光学绘图机直接绘制出来;另一种是照相制版法,即先绘制黑白底图,再利用照相制版得到。

(1)CAD 光绘法:CAD 光绘法指应用 CAD 软件布线后,把获得的数据文件用来驱动光学绘图机,使感光胶片曝光,再经过暗室操作制成原版底片。CAD 光绘法制作的底图胶片具有精度高、质量好的优点,但设备比较昂贵,需要一定水平的技术人员进行操作,成本较高。

(2)照相制版法:用绘制好的黑白底图照相制版时,可通过调整相机的焦距准确达到印制电路板的设计尺寸,整个制版过程与普通照相大体相同,其工艺流程如图4.2 所示。需要注意的是:①在照相制版之前,应先检查核对底图的正确性,特别是那些长时间放置的底图。②曝光前,应先确保焦距准确,保证尺寸精度。③相版干燥后,需要对相版上的砂眼进行修补,用刀刮掉不需要的搭接和黑斑。制作双面板的相版时,应使正、反面两次照相的焦距保持一致,保证两面图形尺寸完全吻合。

图 4.2　照相制版法的工艺流程

4.2.4.2　图形转移

把相版上的印制电路图形转移到覆铜板上称为"图形转移",图形转移的方法有丝网漏印法和光化学法,光化学法又可分为直接感光法和光敏干膜法。

(1)丝网漏印法:用丝网漏印法在覆铜板上印制电路图形,与油印机在纸上印刷文字类似。在丝网上涂敷、黏附一层漆膜或胶膜,然后按照技术要求将印制电路图制成镂空图形(相当于油印中蜡纸上的字形)。目前,漆膜丝网已被感光膜丝网或感光胶丝网取代。经过贴膜(制膜)、曝光、显影、去膜等工艺过程,即可制成用于漏印的电路图形丝网。漏印时,只需将覆铜板在底座上定位,使丝网与覆铜板直接接触,将印料倒入固定丝网的框内,用橡皮刮板刮压印料,即可在覆铜板上形成由印料组成的图形。需要注意的是,漏印后需要烘干、修版。

漏印机所用丝网材料有真丝绢、合成纤维绢和金属丝三种,规格以目为单位。常用绢为 150～300 目,即每平方毫米上有 150～300 个网孔。绢目数越大,印出的图形越精细。丝网漏印多用于批量印制单面板的导线、焊盘或版面上的文字符号。这种工艺的优点是设备简单、价格低廉、操作方便,缺点是精度不高。漏印材料要耐腐蚀,并有一定的附着力。在简易的制版工艺中,可以用助焊剂和阻焊涂料作为漏印材料,即先用助焊剂漏印焊盘,再用阻焊材料套印焊盘之间的印制导线。待漏印材料干燥后,助焊剂随焊盘、阻焊涂料留在覆铜板上。显然,这是一种简捷的印制电路板制作工艺。

(2)直接感光法:直接感光法适用于品种多、批量小的印制电路板生产,它的尺寸精度高,工艺简单,单面板或双面板都能应用。直接感光法的工艺流程如图 4.3 所示。

图 4.3　直接感光法的工艺流程

①覆铜板表面处理:用有机溶剂去除覆铜板表面的油脂等有机污物,然后用酸性物质去除氧化层。通过表面处理,可以使感光胶牢固地黏附在铜箔表面。

②上胶:在覆铜板表面涂覆一层可以感光的液体材料(即感光胶)。涂感光胶的方法有离心式甩胶、手工涂覆、滚涂、浸蘸、喷涂等。无论采用哪种方法,都应该使胶膜厚度均匀,否则会影响曝光效果。另外,胶膜必须在一定温度下烘干。

③曝光(晒版):将照相底版置于上胶烘干后的覆铜板上,并置于光源下曝光。光线通过相版使感光胶发生化学反应,引起胶膜理化性能的变化。曝光时应该注意相版与覆铜板的定位要准确,特别是双面印制电路板的定位更要严格,否则两面图形将不能吻合。

④显影:曝光的覆铜板在显影液中显影后,再浸入染色溶液中,将感光部分的胶膜染色硬化,显示出印制电路板图形,便于检查线路是否完整,为下一步修版提供方便。未感光部分的胶膜可以在温水中溶解、脱落。

⑤固膜:显影后的感光胶并不牢固,容易脱落,应使之固化,即将染色后的覆铜板浸入固膜液中停留一定时间。然后用水清洗,并置于 100～120 ℃的恒温烘箱内烘干30～60 min,使感光膜进一步得到强化。

⑥修版:固膜后的覆铜板应在化学蚀刻前进行修版,以修正图形上的粘连、毛刺、断线、砂眼等缺陷。修补所用材料必须耐腐蚀。

（3）光敏干膜法：光敏干膜法的感光材料不是液体感光胶，而是一种由聚酯薄膜、感光胶膜和聚乙烯薄膜组成的薄膜类光敏干膜。该方法的流程如下：

①覆铜板表面处理：清除表面油污，以便光敏干膜可以牢固地粘贴在板上。

②贴膜：揭掉聚乙烯保护膜，把光敏干膜贴在覆铜板上。贴膜一般使用滚筒式贴膜机。

③曝光：根据定位孔位置将相版准确置于贴膜后的覆铜板上进行曝光，曝光时应控制光源强弱、曝光时间和温度。

④显影：曝光后，先揭去光敏干膜上的聚酯薄膜，再把覆铜板浸入显影液中，显影后去除覆铜板表面的残胶。显影时也要控制显影液的浓度、温度及显影时间。

4.2.4.3　化学蚀刻

蚀刻是指利用化学方法去除印制电路板上不需要的铜箔，只留下组成焊盘、印制导线及符号等。为确保质量，蚀刻过程应该严格按照操作步骤进行，因为在这一环节造成的质量事故将无法挽救。

（1）蚀刻溶液：常用的蚀刻溶液有三氯化铁、酸性氯化铜、碱性氯化铜、硫酸-过氧化氢等。

①三氯化铁蚀刻液适用于采用丝网漏印油墨抗蚀剂和液体感光胶抗蚀层的印制电路板。用三氯化铁蚀刻的优点有工艺稳定、操作方便、价格便宜。但是，三氯化铁再生困难，污染严重，废水处理困难，已逐渐被淘汰，目前只适于在实验室中少量使用。影响三氯化铁蚀刻时间的因素有三氯化铁的浓度和温度、溶铜量（铜在蚀刻液中溶入的量）、盐酸加入量以及搅拌方式。

②近年来，酸性氯化铜蚀刻液逐渐代替三氯化铁蚀刻液。酸性氯化铜蚀刻液具有回收再生方法简单、污染少、操作方便等优点。酸性氯化铜蚀刻液中除了有氯化铜外还有含氯离子的其他物质，如氯化钠、盐酸和氯化铵。影响氯化铜蚀刻时间的因素有氯离子浓度、铜含量以及溶液温度等。

③碱性氯化铜适用于以金、镍、铅-锡合金等电镀层作抗蚀涂层的印制电路板。用碱性氯化铜蚀刻的优点有蚀刻速度快、容易控制、维护方便（通过补充氨水或氨气维持 pH）以及成本低等。碱性氧化铜蚀刻时间受铜离子浓度、氨水浓度、氯化铵浓度以及温度的影响。

④硫酸-过氧化氢是一种新的蚀刻液，它的蚀刻优点有蚀刻速度快、溶铜量大、铜的回收方便、无须废水处理等。影响硫酸-过氧化氢蚀刻时间的因素有过氧化氢的浓度、硫酸

和铜离子的浓度、稳定剂(使溶液稳定、蚀刻速率均匀一致)、催化剂(Ag^+、Hg^+、Pd^{2+})以及温度等。

(2)蚀刻方式:蚀刻方式主要有浸入式、泡沫式、泼溅式以及喷淋式四种。

①浸入式:将印制电路板浸入蚀刻液中,用排笔轻轻刷扫即可。这种方法简便易行,但效率低,会导致对金属图形的某一侧腐蚀严重,常用于数量较少的手工操作制板。

②泡沫式:以压缩空气为动力,将蚀刻液吹成泡沫对覆铜板进行腐蚀。这种方法的工效高,质量好,适用于小批量制板。

③泼溅式:利用离心力作用将蚀刻液泼溅到覆铜板上,达到蚀刻目的。这种方式的生产效率高,但只适用于单面板。

④喷淋式:用塑料泵将蚀刻液压送到喷头,使蚀刻液呈雾状微粒高速喷淋到传送带运送的覆铜板上,进行连续蚀刻。这种方法是目前技术较先进的蚀刻方法,应用较多。

4.2.4.4 孔金属化

孔金属化是双面板和多面板的孔与孔间、孔与导线间导通的最可靠方法,是印制电路板质量好坏的关键。通过将铜沉积在贯通两面导线或焊盘的孔壁上,可使原来非金属的孔壁金属化,金属化了的孔称为"金属化孔"。在双面和多层印制电路板的制造过程中,孔金属化是一道必不可少的工序。

孔金属化的方法很多,它与整个双面板的制作工艺相关,主要有板面电镀法、图形电镀法、反镀漆膜法、堵孔法、漆膜法等。无论采用哪种方法,在孔金属化过程中都需要下列环节:钻孔、孔壁处理、化学沉铜、电镀铜。孔壁处理的目的是使孔壁上沉积一层以化学沉铜为结晶核心的催化剂金属。化学沉铜的目的是使印制电路板表面和孔壁产生一薄层附着力差的导电铜层。电镀铜的目的是使孔壁加厚并附着牢固。

金属化孔的质量对双面印制电路板至关重要。在电子产品整机电路中,许多故障出自金属化孔。因此,对金属化孔的检验应给予重视。检验内容一般包括以下几方面:

(1)外观检查:孔壁金属层应完整、光滑、无空穴、无堵塞。

(2)电性能检查:检查金属化孔镀层与焊盘间是否有短路或断路,检查孔与导线间的孔线电阻值。

(3)金属化孔的电阻变化率:环境例行试验(高低温冲击、浸锡冲击等)后,金属化孔的电阻变化率不得超过 $5\%\sim10\%$。

(4)机械强度(拉脱强度)检查:孔壁与焊盘的结合应牢固。

(5)金相剖析试验:检查金属化孔的镀层质量、厚度与均匀性,镀层与铜箔之间的结合质量等。

4.2.4.5　金属涂敷

为提高印制电路的导电性、可焊性、耐磨性、装饰性，延长印制电路板的使用寿命，提高其电气可靠性，可在印制电路板的铜箔上涂敷一层金属。金属镀层的材料可为金、银、锡、铅锡合金等。

涂敷的方法分电镀和化学镀两种：①电镀使镀层致密、牢固、厚度均匀可控，但设备复杂，成本高，一般用于要求较高的印制电路板和镀层，如插头部分镀金等。②化学镀的设备简单，操作方便，成本低，但镀层厚度有限，牢固性差，一般只适用于改善可焊性的表面涂敷。

目前，常用浸锡和镀铅锡合金的方法来改善印制电路板的可焊性，改善后的印制电路板具有可焊性好、抗腐蚀能力强、长时间放置不变色等优点。

4.2.4.6　涂助焊剂与阻焊剂

印制电路板经表面金属涂敷后，根据不同的需要可进行助焊和阻焊处理。涂助焊剂既可保护镀层不被氧化，又可提高可焊性。为了保护板面，确保焊接的正确性，可在板面上加阻焊剂，但必须使焊盘裸露。

印制电路板加工除了上述六个基本环节外，还有其他加工工艺，可根据实际情况添加，如为了装焊方便而在元件层印文字标记、元件序号等。

4.3　PCB 设计软件 Altium Designer

4.3.1　Altium Designer 概述

Altium Designer 基于一个软件集成平台，把为电子产品开发提供完整环境所需的工具全部整合在一个软件之中，是专用于电路及印制电路板设计的计算机辅助设计软件，主要运行在 Windows 操作系统上。

4.3.1.1　产生与发展

Altium 公司的前身为 Protel 国际有限公司，由尼克·马丁（Nick Martin）于 1985 年始创于塔斯马尼亚大学（University of Tasmania）。该公司于 20 世纪 80 年代推出了

DOS 环境下的印制电路板设计工具,在全球范围内得到了电子业界的广泛关注。之后,该公司相继推出了多版引领时代潮流的基于 Windows 的电子设计软件,如 Portal for Windows 、Protel 98、Protel 99、Protel 99 SE、Protel DXP、Protel DXP 2004 等。其中 Protel DXP 是电子设计自动化(EDA)行业内第一个可以在单个应用程序中完成整个板面设计处理的软件。

2006 年之后,该公司又相继推出了全新升级换代产品(如 Altium Designer 6.0),并陆续推出了 Altium Designer 6.3、Altium Designer 6.6、Altium Designer 6.7、Altium Designer 6.8、Altium Designer 6.9、Altium Designer Summer 08、Altium Designer Winter 09、Altium Designer Summer 09 等版本,目前最新版本为 Altium Designer 22。

随着 PCB 设计软件的成功,该公司开始扩大其产品范围,包括原理图输入、PCB 自动布线和 PCB 器件自动布局等软件,并整合了多家 EDA 软件公司,成为业内领军企业。

4.3.1.2 功能及特点

EDA 是指通过计算机协助完成电路设计过程的技术,如电路原理图绘制、印制电路板设计、电路仿真以及印制电路板信息统计和打印等。随着电子科技的蓬勃发展,新型元器件层出不穷,电路规模越来越大、越来越复杂,进而导致印制电路板层数越来越多、结构越来越复杂,单纯依靠手工很难完成电路设计及印制电路板设计等工作,计算机辅助设计软件成为电子工程师必备的工具。

Altium Designer 可为电子产品开发提供完整的设计环境,并提供所有设计任务所需工具,如原理图和硬件描述语言(HDL)设计输入、电路仿真、信号完整性分析、PCB 设计、基于现场可编程门阵列(FPGA)的嵌入式系统设计和开发以及最终设计输出等工具包。Altium Designer 为电子工程师提供了完美的计算机辅助设计解决方案,使过去被认为极为枯燥、抽象、烦琐的电路设计与印制电路板设计等工作变得轻松、简洁、快速、容易。

4.3.2 PCB 设计基础

本节以设计机器狗控制电路的 PCB 为例,预先设定如下文件:DXP 设计平台的工作空间(Workspace)文件设为 Robot.DsnWrk,项目(Project)文件设为 CB.PrjPCB,原理图(Schematic)文件设为 CB.SchDoc,PCB 文件设为 CB.PcbDoc,原理图元件库文件设为 CB.SchLib,PCB 元件库文件设为 CB.PcbLib。这些文件存于"D:\ RobotDog\"文件夹下。

4.3.2.1 DXP 设计平台简介

不管用什么方式,运行 Altium Designer 安装目录下的程序 DXP.exe 后,Altium

Designer的 DXP 设计平台就会被打开,其基本布局如图 4.4 所示。DXP 设计平台可以帮助电子工程师完成 PCB 设计,并在每个设计阶段自动配置应用接口。例如,当打开一张原理图文件时,相应的工具栏、菜单栏和快捷键都会被激活。当然,DXP 设计平台也支持将所有的工具栏、菜单栏定义为用户喜欢的形式。考虑到篇幅有限,本节仅简单介绍 DXP 设计平台的大体布局,菜单栏、工具栏和快捷键等不再展开说明。

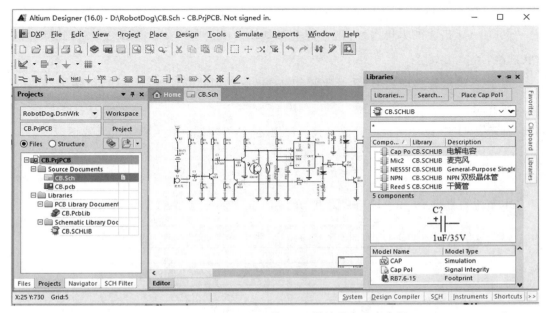

图 4.4　Altium Designer 的 DXP 设计平台基本布局

（1）Altium Designer 的 DXP 设计平台顶部为菜单栏,后面章节用到某项菜单栏时再做具体介绍。

（2）菜单栏下方为常用的三个工具栏,分别为 Schematic Standard（原理图标准工具栏）、Wire（布线工具栏,主要用于原理图布线）、Utility（应用工具栏,包含很多有用的小工具）。工具栏实际有很多,可通过选择菜单栏中的"View"（视图）→"Tool Bars"（工具栏）添加、删除工具栏。

（3）图 4.4 中部有三个面板,中间面板为编辑面板,显示当前已经打开的文档,该面板顶部为已打开文档名列表,通用的有原理图文件（ ＊.SchDoc）、PCB 文件（ ＊.PcbDoc）、库文件（＊.PcbLib 或 ＊.SchLib 或 ＊.IntLib）以及仿真结果与编译信息文件等。

（4）图 4.4 左侧面板下方有多个选项框,包括 Flies、Projects、Navigator、SCH Filter 等。选择不同的选项框,面板显示内容也不一样。单击选项框"Projects",则面板切换到 Projects 面板,此时面板顶部为 Workspace 框（图 4.4 中显示内容为 RobotDog. DsnWrk）;中部为 Project 框（图 4.4 中显示内容为 CB.PrjPCB）;而底部为 Files 框,框中列出了当前工作平台内的项目及其文件列表。

（5）图 4.4 右侧面板中有三个标签，其中最需要了解的是 Libraries，单击"Libraries"后会弹出占据右侧大部分空间的 Libraries 面板。用户可从中添加自己需要的库文件，并搜索自己需要的库元件。Altium Designer 给用户提供了非常丰富的文件库和元件库，世界上各大厂商主要产品的元件模型都能从中找到。要想熟练掌握库中各元件的检索和添加方式，除了需要掌握 Altium Designer 的使用方法外，还要有丰富的相关专业知识。

（6）图 4.4 最底部为状态栏，用户可选择菜单栏中的"View"（视图）→"Status Bars"（状态栏）关掉状态栏。

提示 1：将鼠标移动到 DXP 设计平台中自己感兴趣的位置，然后右击，会弹出不同的窗口或介绍。

提示 2：DXP 设计平台中设置了大量快捷键，熟练掌握会大大提高工作效率。

4.3.2.2　PCB 设计工作流程

本节以机器狗 PCB 设计项目为例，介绍 PCB 设计流程，流程图如图 4.5 所示。

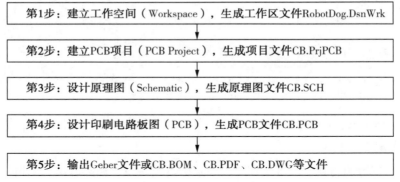

图 4.5　PCB 设计流程图

图 4.5 中，第 1 步、第 2 步为建立工作空间文件（＊.DsnWrk）和项目文件（例如＊.PrjPCB）。用户可通过菜单栏或工具栏新建工作空间文件和项目文件，或通过修改已有的工作区文件和项目文件完成前两步。对于机器狗 PCB 设计项目，工作空间文件和项目文件分别为 RobotDog.DsnWrk、CB.PrjPCB。第 3 步为原理图设计阶段，第 4 步为 PCB 设计阶段，在后述章节会进行介绍。

4.3.2.3　系统参数设置

利用 Altium Designer 进行 PCB 设计时，首先要面对的是参数设置问题，即对整个DXP 设计平台进行个性化设置。选择菜单栏中的"DXP"→"Preference"，即可进入参数

设置页面。DXP 设计平台的参数非常庞杂,涉及面非常广,但大多数情况下参数缺省。这里仅就如下几个问题进行说明:

(1)桌面布局:选择菜单栏中的"DXP"→"Preference"→"System"→"Desktop Layouts",可直接进行桌面布局。另外,通过选择菜单栏中的"View"→"Desktop Layouts"→"Default",可调出 DXP 平台的缺省布局,这样用户很容易就能找到 DXP 设计平台中消失的工具栏或控制面板。

(2)缺省文档位置:通过选择菜单栏中的"DXP"→"System"→"Default Locations"进行缺省文档位置设置。这个参数实际上确定了缺省条件下,项目文件和库文件的存放位置。对于新建 PCB 项目,对此参数进行明确设置是有必要的。

4.3.2.4　PCB 设计操作

Altium Designer 是一个功能非常强大的软件,具体操作方式、操作习惯因人而异,千差万别,下述指导性步骤仅供参考。读者也可按自己喜欢的方式进行操作,具体以达到设计目标为准。

(1)将 Altium Designer 软件包解压缩,并按照安装操作说明安装到电脑上,推荐安装位置为"D:\Program Files (x86)\Altium\"。安装操作说明中最后一部分为 Altium Designer 的菜单汉化软件安装。由于 Altium Designer 的菜单汉化不是十分彻底,也不十分专业,甚至有部分错误,所以不推荐安装 Altium Designer 的菜单汉化部分。

(2)将安装文件包中的压缩文件 Library.rar 解压缩到 D:\Program Files (x86)\Altium\,这样 Altium Designer 内的库文件就拷贝到文件夹 D:\Program Files (x86)\Altium\Library 中。

(3)在 D 盘中建立 Robot Dog 文件夹,此后机器狗控制电路 PCB 设计项目的全部文件将存放于该文件夹中。

(4)软件安装完成后,打开 Altium Designer 软件包,则出现如图 4.6 所示的 DXP 设计平台界面。依次选择菜单栏中的"DXP"→"Preference"→"System"→"Default Locations",完成如图 4.7 所示的设置。设置完成后,机器狗控制电路 PCB 设计项目的所有项目文档可在参数缺省条件下存入 Robot Dog 文件夹中。

图 4.6   Altium Designer 打开后的 DXP 设计平台界面

图 4.7   缺省项目文件存放位置设置

（5）在 Projects 面板中，单击工作空间文件 Workspace1.DsnWrk，然后根据弹出框提示选择"Save Design Workspace as ..."选项，将工作空间文件改名为"RobotDog.DsnWrk"。

（6）在 Projects 面板中，单击 RobotDog.DsnWrk，然后根据弹出框的提示依次选择"Add New Project"→"PCB Project"，添加名为"PCB_Project1.PrjPCB"的 PCB 项目文件。随后，面板下部的 Files 框中会出现 PCB_Project1.PrjPCB 文件，单击此文件，然后根据弹出框的提示选择"Save Project as ..."选项，将其改名为"CB.PrjPCB"。

（7）单击 Files 窗口中的 CB.PrjPCB 文件，并在弹出的对话框中依次选择"Add New to Design"→"Schematic"，添加空白原理图文件 Sheet1.SchDoc。然后，单击 Sheet1.SchDoc 文件，并根据弹出框中的提示选择"Save as"选项，修改文件名为"CB.SchDoc"。

（8）单击 Files 窗口中的 CB.PrjPCB 文件，在弹出的对话框中依次选择"Add New to Design"→"PCB"，添加空白原理图文件 PCB1.PcbDoc。然后，单击 PCB1.PcbDoc 文件，并根据弹出框的提示选择"Save as"选项，修改文件名为"CB.PcbDoc"。

完成上述操作后，CB.PcbDoc、CB.SchDoc 会显示在项目文件 CB.PrjPCB 的 Source Document 内。至此，机器狗控制电路 PCB 设计项目的初步准备工作完成，此时的 DXP 设计平台界面如图 4.8 所示。

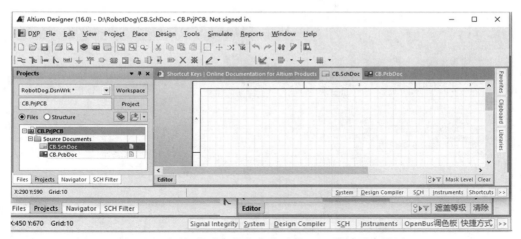

图 4.8　项目初期准备操作完成后的 DXP 设计平台界面

4.3.3　原理图库的创建

Altium Designer 先后引入了 SchLib、PcbLib、IntLib、DBLib、SVNLin 和 CMPLib 等各种类型库的概念,大体思路都是将原理图符号、PCB 封装、仿真模型、信号完整性分析、3D 模型集成在一起,添加到原理图符号上进行关联,以提高类型库和库元件的检索与引用的简洁性、方便性、通用性和共享性,从而大大减少用户的重复操作,提高设计效率。

目前,Altium Designer 已经附带数量非常庞大的库文件,没必要完全从零开始创建库文件、制作库元件。本书重点介绍 IntLib、SchLib、PcbLib 的创建以及库元件的绘制与参数设计,其他更新概念的库将不再说明。原理图库的创建及其库元件的创建、编辑方法多样,下面仅介绍一种相对简洁的方法。

4.3.3.1　原理图库文件的创建

原理图库文件的创建步骤如下:

(1)按照前文所述 PCB 项目操作步骤,直到出现如图 4.8 所示的界面,即 RobotDog. DsnWrk、CB. PrjPCB、CB. SchDoc、CB. PcbDoc 四个文件都已创建完成。然后双击 Projects 面板中 Files 框中的 CB.SchDoc 文件,则 CB.SchDoc 文件被激活,并显示在中间面板的编辑区。

(2)单击图 4.8 右侧竖边框内的 Libraries 按钮,则 DXP 设计平台中的库面板展开,如图 4.9 所示。

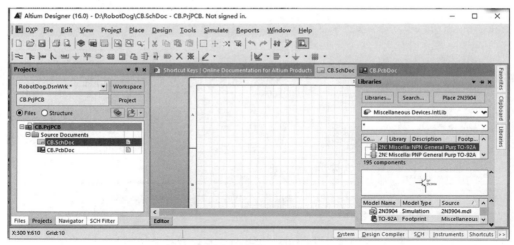

图 4.9　原理图库文件创建界面

（3）单击图 4.9 中展开的 Libraries 面板中的"Libraries"按钮，进入添加库的弹出页面，在页面提示下，可加入需要的库文件。

（4）统计出机器狗 PCB 设计项目所需的元件类型、型号、生产商、数量等信息，从库中查找并添加元件到 CB.SchDoc 文件的编辑面板上。

（5）选择菜单栏中的"Design"→"Update PCB Document Cb.PcbDoc"，将原理图元件的封装模型自动加载到 Cb.PcbDoc 文件中。

（6）选择菜单栏中的"Design"→"Make Integrated Library"，然后展开 Projects 面板中新出现的 Libraries 文件夹，并双击 CB.IntLib 文件，可看到 CB.PrjPCB 项目的集成库，如图 4.10 所示。在图 4.10 中，CB.LibPkg 为集成库文件 CB.IntLib 对应的库文件包，包含两个库文件 CB.PcbLib、CB.SchLib。最后，设计完成后注意保存设计文件。

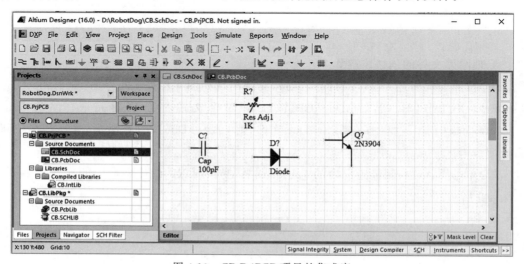

图 4.10　CB.PrjPCB 项目的集成库

4.3.3.2 元器件符号绘制及参数设计

对于无法从 Altium Designer 的自带库［D:\Program Files（x86）\Altium\Library］中找到的元器件，需要在原理图库中（CB.SchLib）创建新元器件，具体步骤如下：

（1）按上述步骤创建原理图库文件，直到出现如图 4.10 所示的界面，然后单击 Projects 面板中的"CB.SchLib"，再单击"SCH Library"，则图中 Projects 面板切换为 SCH Library 面板，如图 4.11 所示。

（2）添加新元件：单击 SCH Library 面板中 Components 框中的"Add"按钮，并将弹出框中的新建元件名改为"Xinjian"。

（3）添加新管脚：单击 SCH Library 面板中 Pins 框中的"Add"按钮，每操作一次将放置一个管脚。注意：管脚是有方向的，带白点的一侧向外，在原理图中作为接线端。

（4）利用菜单栏中的绘图指令和其他相关指令完成新建元器件的外形编辑和管脚（包括管脚序号、数量、名称、大小和摆放位置等信息）编辑。

（5）完成上述操作后，SCH Library 面板中会出现名为"Xinjian"的元器件，以及管脚列表等信息。然后，双击 SCH Library 面板中 Components 框中名为"Xinjian"的元器件，进入新建元器件的参数修改界面，如图 4.12 所示。图 4.12 中的 Default Designator、Default Comment、Description 选项和右下角的 Models 框都要认真填写，其中 Models 框必须添加新建元器件的封装（FootPrint）模型，如果 CB.PcbLib 库中没有该新建元器件的封装，则需要创建封装，完成后再添加。

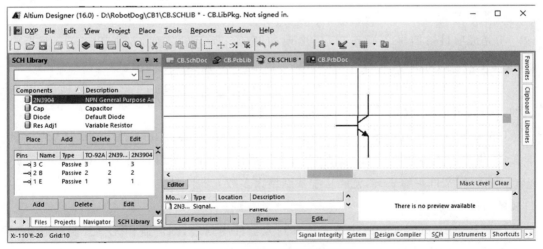

图 4.11 新建元器件编辑界面

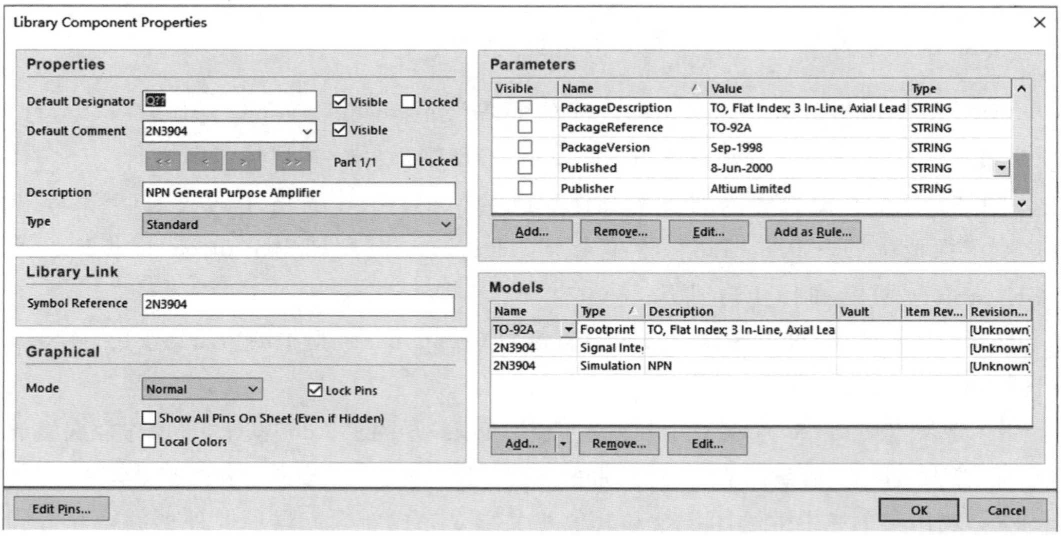

图 4.12　新建元器件的参数修改界面

4.3.4　封装库创建

（1）创建封装库文件：封装库文件（＊.PcbLib）的创建方法有很多，前面已经讲述了一种通过创建自有集成库文件（CB.IntLib），自动生成一个对应的封装库文件 CB.PcbLib 的方法，这个库文件包含在一个名为"CB.LibPkg"的库文件包中。实际的库文件 CB.PcbLib 存在于 D:\RobotDog\CB 的文件目录下。本节将介绍另一种创建封装库文件的方法，仍然以机器狗 PCB 设计项目为例。

①完成项目初期准备操作，直到出现如图 4.8 所示的界面，双击 Projects 面板中 Files 框中的 CB.PcbDoc 文件。CB.PcbDoc 被激活，并显示在中间编辑区。

②选择菜单栏中的"Design"→"Make PCB Library"，创建一个名为"CB.PcbLib"的文件。CB.PcbLib 存放在 D:\RobotDog 的文件目录下。

（2）利用 PCB Component Wizard 向导制作元器件封装：Altium Designer 内含大量库文件，世界上大多数电子元器件厂商的产品都包含在内，所以只要用户对 Altium Designer 内含库文件足够了解，就能从中找到绝大多数元器件封装，可省去大量制作元器件封装的时间。

如果从 Altium Designer 中确实找不到元器件的封装，则可制作元器件封装并添加到库文件中。制作元器件封装的具体方法如下：

①找到由生产厂商提供的元器件数据手册（Data Sheet），并进一步找到所需元器件的图纸资料，其中至少应包括焊盘大小、焊盘间距以及外形尺寸等信息。

②采用 PCB Component Wizard 直接生成元器件封装，或生成与元器件类似的封装，

然后根据元器件数据手册提供的数据，对元器件封装稍加修改，即可完成该元器件的封装创建。采用 PCB Component Wizard 直接生成元器件封装的方法已经相当直观，此处不再展开说明。

（3）利用 IPC Compliant Footprint Wizard 向导制作元器件封装：IPC 是印制电路板的一种标准。IPC 最初为 The Institute of Printed Circuit 的缩写，即印制电路板协会，该协会后改名为 The Institute of the Interconnecting and Packing Electronic Circuit（电子电路互连与封装协会），1999 年再次更名为 Association of Connecting Electronics Industries（电子制造业协会）。由于 IPC 知名度很高，所以更名后，IPC 的标记和缩写仍然没有改变。与 IEC（国际电工委员会）、ISO（国际标准化组织）、IEEE（电气与电子工程师协会）一样，IPC 是美国乃至全球电子制造业最有影响力的组织之一。

采用 IPC Compliant Footprint Wizard（IPC 兼容的 PCB 封装向导）直接生成的元器件封装具有更强的兼容性、通用性。采用 IPC Compliant Footprint Wizard 直接生成元器件封装的方法并不复杂，此处不再展开讨论。

（4）自定义手工制作 PCB 封装：如果元器件非常特殊，通过 IPC Compliant Footprint Wizard 和 PCB Component Wizard 都无法完成元器件封装的创建，则可以手工制作 PCB 封装。

①找到生产厂商提供的元器件数据手册，并进一步找到所需元器件的图纸资料，其中至少应包括焊盘大小、焊盘间距以及外形尺寸等信息。如果没有数据手册，则要通过手工测量获取元器件的实际数据。

②完成项目初期准备操作，直到出现如图 4.10 所示的界面，然后单击 Projects 面板中的 CB.PcbLib 文件，再单击面板下方的 PCB Library 选项，Projects 面板切换为 PCB Library 面板，如图 4.13 所示。

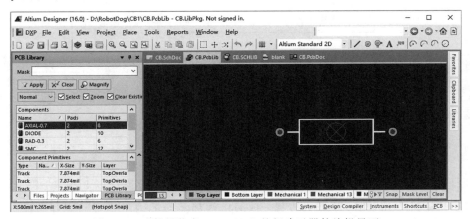

图 4.13　元件封装库 CB.PcbLib 的新建元器件编辑界面

③添加新元件：选择菜单栏中的"Tool"→"New Blank Components"，则图 4.13 左侧

PCB Library 面板中 Components 窗口的元器件列表内就会多出一个新元器件 PCBComponent_1,双击此元器件,根据弹出框的提示将文件名修改为"XinjianPcb"。

　　④添加焊盘和线条:单击菜单栏 Place 中的相关项,实现添加焊盘和线条操作。

　　⑤完成上述操作后,图 4.13 左侧 PCB Library 面板中 Components 窗口就会出现名为"XinjianPCB"的 PCB 封装元件。而 PCB Library 面板中 Component Primitives 窗口则列出了 XinjianPCB 包含的焊盘和线条等列表信息;双击列表信息中的条目,可进入被选中的焊盘或线条的参数界面。

　　(5)集成元器件库创建:按照原理图库文件的创建步骤,创建集成库(∗.IntLib),此处不再展开说明。

4.3.5　原理图设计与实例训练

本节仍以机器狗 PCB 设计项目的原理图设计为例,系统讲述原理图设计流程。

4.3.5.1　原理图的设计流程

本节只对原理图设计的流程进行系统性简述,操作步骤的细节见前述章节。原理图的设计流程如图 4.14 所示。

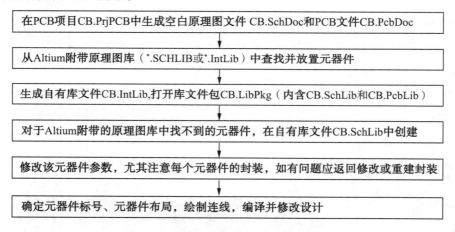

图 4.14　原理图的设计流程

4.3.5.2　原理图设计的基本原则

原理图的设计过程、设计步骤多种多样,但设计过程中应遵循以下基本原则:

(1)功能性原则:任何电路及其电路板的设计都是为了满足一定的设计功能,离开设计功能谈设计是没有意义的。所以电路及其电路板设计的功能性是第一位的,即首先要明确设计的电路及其电路板的功能是什么,再进行设计。

(2)安全性、可靠性原则:对任何电子系统而言,安全性、可靠性设计要求是一个极易被忽视,但同时又是最具强制性的要求。目前,国家已经出台大量强制性标准,对电子系统的安全性、可靠性作了规范和要求,任何人都必须遵守。电路及其电路板往往居于设备内部,决定着电气设备的功能和用途,似乎同整个设备的安全性、可靠性关系不大。但不可否认的是,任何电器都是一个复杂系统,系统各部分之间的关系错综复杂,紧密联系。一个缺少安全性、可靠性的电路及其电路板会很容易成为整个系统安全性、可靠性问题的最短板。在进行电路及其电路板设计时,设计人员必须明确电路板对外接口的安全性、可靠性要求,仅仅进行功能性设计是远远不够的。

(3)电磁兼容性原则:电子系统必须是对环境友好的,也就是不应对周围存在的其他电子系统造成干扰。同时,电子系统也应具备比较强的抗干扰能力。设计人员应掌握电子系统电磁兼容性设计的技术和知识,国家也应完善相关标准。

(4)系统性原则:在设计电路板原理图时,设计人员应当从系统出发,既要完美设计电路原理图内部元器件的电路关系,实现其基本功能,也要考虑电路板与系统其他部件以及外部环境的关系。设计人员必须认识到,电路只是系统的一个部分,电路板及其原理图的设计必须服从并满足整个系统的要求。电路分析必须依据系统要求、周围环境要求进行,离开了系统的电路分析是盲目的、不全面的。

(5)性价比原则:在市场竞争日益激烈的今天,为了占领市场、提高竞争力,厂商在设计电子产品的电路及其电路板时除了要谨记上述基本原则外,还应当使产品具备成本低、性能好、易操作、具有先进性(核心竞争力)等特点,或者说在设计产品时要充分考虑电路及其电路板的性价比,只有具有更高的性价比才能有真正的市场竞争力。

(6)完美性原则:完美性原则是对一个达到基本设计功能及设计指标的产品,进一步提出的更高要求。追求完美不仅仅是个美学问题,也是一个严谨的数理问题。可以肯定的是,好的产品一定是美的产品。

4.3.5.3　原理图绘制实例训练

(1)电路设计、仿真:要设计一款机器狗的控制电路,首先要对电路实现的功能有准确了解,拟制设计方案;然后,在借鉴类似电路的基础上设计自己的电路;最后,对电路进行多次仿真、分析和优化,直至电路的功能和技术参数达到设计要求,并由此最终确定电路拓扑结构以及电路元件的核心参数。可采用的电路仿真软件很多,包括 PSPICE、Multisim、MATLAB 和 ADS(Advanced Design System)等。电路的设计、仿真阶段是电路设计最难、最抽象的阶段,需要丰富的相关专业知识和设计经验。本节直接采用一个成熟的、经过验证的机器狗控制电路图作为实例,故电路的设计、仿真、分析与优化等过程不再讨论。

(2)机器狗控制电路的原理图以及功能:图 4.15 所示为机器狗控制电路原理图,其电路板是声控、光控、磁控机电一体化电动玩具的控制板,主要工作原理为:利用由 555 定时器构成的单稳态触发器,在三种不同的控制方法下给予低电平触发,促使电机转动,从而使机器狗达到停走的目的,即拍手即走、光照即走、磁铁靠近即走,行走一段时间后停下,等再次满足其中一个条件时将继续行走。

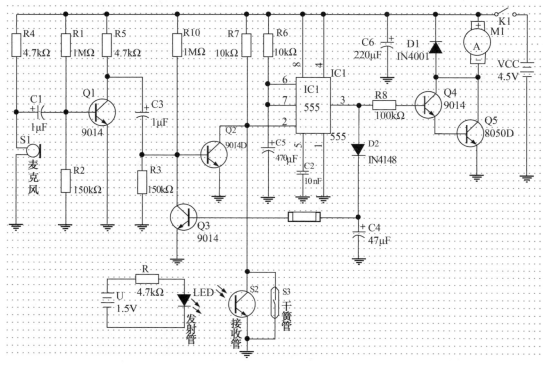

图 4.15　机器狗控制原理图

(3)统计图 4.15 中所有元器件的类型、参数、数量等信息,确定每个元器件的准确型号。例如,电阻至少应该确定其类型(如金属膜、碳膜以及线绕电阻等分类)、阻值、功率、精度、频率特性、封装信息以及本封装所在库及库元件名称;电容应该确定其类型(如电解电容、薄膜电容、陶瓷电容、独石电容)、容值、耐压、精度、频率特性、封装信息以及本封装所在库及库元件名称。最终,所有元器件信息应列入元器件明细表中,如表 4.1 所示。

①元器件明细表中,第一列列出了每个元器件的类别信息,第二列列出了每个元器件的型号,第三列列出了每个元器件的封装信息,第四列列出了每个元器件在本原理图中需要的数量,第五列列出了每个元器件在原理图中的标号信息。

②元器件明细表中,每个元器件的型号信息一定要准确,否则采购部门在采购时会出错。一般情况下,只要绝大多数元器件的型号完备,就没必要再列出封装信息。但是考虑到很多情况下,元器件型号信息并不全(例如太多人习惯于只列出电阻的阻值,而不列出其准确型号信息),所以元器件明细表中列出了封装信息,仅供参考。

表 4.1 机器狗控制电路原理图的元器件明细表

类型	型号	封装	数量	标号
集成电路通用计时器	NE555N	DIP8	1	IC1
NPN 型双极性晶体管	8050	TO-226-AA	1	Q5
NPN 型双极性晶体管	9014	TO-226-AA	4	Q1、Q2、Q3、Q4
二极管	1N4148	DO-35	1	D2
二极管	1N4001	DO-41	1	D1
光敏三极管	3DU5C	PhotoNPN	1	S2
电阻	RJ14-4.7k-1%	AXIAL-0.4	3	R4，R5，R9
电阻	RJ14-1M	AXIAL-0.4	1	R1
电阻	RJ14-150k-1%	AXIAL-0.4	1	R3
电阻	RJ14-10k-1%	AXIAL-0.4	2	R6，R7
电阻	RJ14-150k	AXIAL-0.4	1	R2
电阻	RJ14-100-1%	AXIAL-0.4	1	R8
电阻	RJ14-1M-1%	AXIAL-0.4	1	R10
电解电容	470uF/10V	CAPPR2.5-6.3x5	3	C4、C5、C6
薄膜电容	10nF/100V	CBB0.2	1	C2
薄膜电容	CBB 1uF/100V	RAD-0.3	2	C1、C3
开关	SW-SPST	SPST-2	1	K1
连接器	脚间距 2.5 mm	HDR1X2	3	CN1、CN2、CN2
干簧管	2×14 mm	AXIAL-0.6	1	S3

（4）按照 4.3.2 节 PCB 项目设计的操作要求，分别建立 RobotDog.DsnWrk、CB.PrjPCB、CB.SchDoc 和 CB.PcbDoc 四个文件。

（5）按照 4.3.3 节的操作要求，将表 4.1 中的所有元器件添加到处于编辑状态的 CB.SchDoc 文件中。为方便读者查找，表 4.2 列出了每个元器件所在库的名称、位置及库元件名。

表 4.2 元器件所在库的名称、位置及库元件名

元器件	库名称	库元件名
集成电路 NE555N	D:\Program Files（x86）\Altium\Library\ST Micro-electronics\ST Analog Timer Circuit.IntLib	NE555N
NPN 型双极性晶体管	D:\Program Files（x86）\Altium\Library\Miscella-neous Devices.IntLib	NPN
光敏三极管 3DU5C	D:\Program Files（x86）\Altium\Library\Miscella-neous Devices.IntLib	Photo NPN

续表

元器件	库名称	库元件名
1N4148	D：\Program Files（x86）\Altium\Library\Miscella-neous Devices.IntLib	Diode 1N4148
1N4001	D：\Program Files（x86）\Altium\Library\Miscella-neous Devices.IntLib	Diode 1N4001
电阻	D：\Program Files（x86）\Altium\Library\Miscella-neous Devices.IntLib	Res2
薄膜电容	D：\Program Files（x86）\Altium\Library\Miscella-neous Devices.IntLib	Cap
电解电容	D：\Program Files（x86）\Altium\Library\Miscella-neous Devices.IntLib	Cap Pol1
开关	D：\Program Files（x86）\Altium\Library\Miscella-neous Devices.IntLib	SW-SPST
连接器	D：\Program Files（x86）\Altium\Library\Miscella-neous Connector.IntLib	Header 2
干簧管	找不到，需要自己在 CB.SchLib 中创建新元件	Ganhuangguan

（6）从表 4.2 中可以看出，干簧管在 Altium Designer 附带库中无法找到，所以需要自己在 CB.SchLib 库文件中创建一个名为"Ganhuangguan"的库元件，具体创建过程参见4.3.3 节。

（7）上述操作完成后，在 CB.SchDoc 的编辑界面（见图 4.10）中，给元器件进行布局、连线。布局和连线是个互动过程，要保证连线尽量简洁、少交叉、容易理解。对于大规模电路，最好按功能、电压等级或电气隔离进行分模块设计，以保证整个系统的易读性。设计完成后的机器狗控制电路如图 4.16 所示。

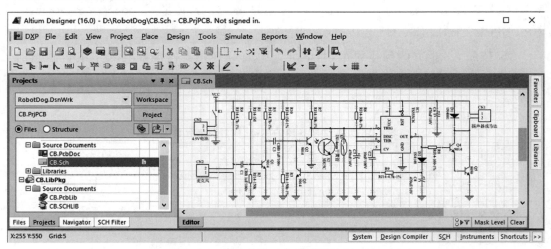

图 4.16　设计完成后的机器狗控制电路

4.3.5.4 生成各种报表

(1)单击菜单栏中的"Report",即可根据弹出框的提示输出生产、检验、供应等部门需要的各种报表,此处不再展开讨论。

(2)选择菜单栏中的"File"→"Export",根据提示将 CB.SchDoc 转换为其他格式的文件,如 CB.DWG 文件。

(3)选择菜单栏中的"File"→"Smart PDF",根据提示将 CB.SchDoc 转换为 PDF 文件。

4.3.6 印制电路板的设计实例训练

4.3.6.1 印制电路板的设计流程

对于机器狗控制电路的 PCB 设计项目,PCB 设计阶段可进一步细分,最终生成一个 CB.PcbDoc 文件。机器狗的 PCP 设计流程如图 4.17 所示。

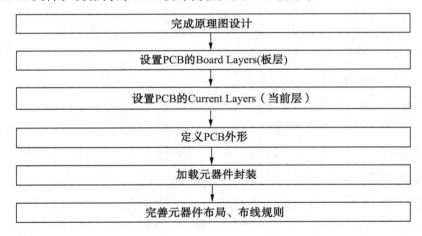

图 4.17 机器狗的 PCB 设计流程

4.3.6.2 印制电路板的设计实例训练

机器狗的 PCB 设计过程及操作步骤已在前述章节中作了详细说明,这里再次进行系统说明:

(1)按照前述章节操作完成机器狗 PCB 设计项目的原理图设计。

(2)设置 PCB 的 Board Layers(板层):选择菜单栏中的"Design"→"Board Layers &

Colors",则进入 PCB 的层管理界面,这里仅介绍几个常用层:

①Top Layer、Bottom Layer:顶层和底层为布线层,双层板的铜导线都画在这两层,单层板的铜导线只画在 Bottom Layer 层。

②Top OverLayer、Bottom OverLayer:顶上层和底下层为丝印层,主要包含元器件的标号、位置框以及其他说明信息。

③Mechanical1 Layer:机械层,主要用于绘制 PCB 的外轮廓。

④KeepOut Layer:禁止布线层。

⑤Multi-Layer:放置焊盘的层。

注意:用不到的层应将其去掉,这样 PCB 编辑界面下方显示的层会少一些,界面更简洁。

(3)设置 PCB 的 Current Layers(当前层):单击 PCB 编辑界面下方的层管理工具条,单击 Mechanical1 层,则这个层就会被激活,变成当前层,结果如图 4.18 所示。

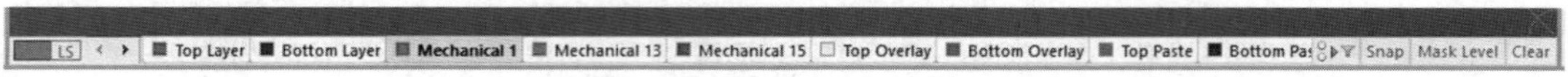

图 4.18　选中 Mechanical1 层

(4)定义 PCB 的外形(Board Shape):在 PCB 编辑状态下,选择"Place"→"Line",根据提示绘制出 PCB 的外轮廓;然后,选择"Edit"→"Select"→"Inside Area",根据提示选中刚刚绘制的 PCB 外轮廓线;最后,选择"Design"→"Board Shape"→"Define from Selected Objects",PCB 的外轮廓由此确定。

(5)加载元器件封装,在原理图编辑状态下,选择"Design"→"Update PCB Document CB.PcbDoc",则原理图中的所有元器件的设定封装都将自动加载到文件 CB.PcbDoc 中。

(6)应该注意到,4.3.5 节绘制的原理图 CB.SchDoc 中有个元器件无法在 Altium Designer 的自带库中找到元器件封装,是设计人员自己创建的。到了本节这个元器件的封装也该自行创建。第一种方办法:完全自己创建一个专用于此元器件的封装,这个方案可以根据 4.3.4 节的操作实现,最后存入 CB.PcbLib 中。第二种方法:借用其他元器件的封装,例如多用于电阻的封装 Axial-0.6,这个封装所在库文件的位置为 D:\Program Files(x86)\Altium\Library\PCB\Thru Hole\Resistor - Axial.PcbLib。虽然第二种方法相对简洁,但封装外形同干簧管差距较大,在元器件安装过程中容易引起误解。

(7)不断执行第(5)步,根据生成的错误信息,对 CB.SchDoc 和 CB.PcbDoc 进行修改,直到没有任何错误信息为止。加载元器件封装期间产生的大量错误信息主要包含两种:①原理图元器件重号;②元器件封装在库中找不到。注意:如果确实找不到元器件封装,则应返回 CB.SchDoc 文件,重新编辑元器件的封装信息,例如从库中选择一个合适的封装,或创建一个新的封装。元器件封装所在库的位置及库元件名如表 4.3 所示。

表 4.3　元器件封装所在库的位置及库元件名

元器件	所在库的位置	库元件名
集成电路 NE555N	D:\Program Files（x86）\Altium\Library\ST Microelectronics\ST Analog Timer Circuit.IntLib	DIP8
NPN 型双极性晶体管	D:\Program Files（x86）\Altium\Library\Miscellaneous Devices.IntLib	TO-226-AA
光敏三极管 3DU5C	D:\Program Files（x86）\Altium\Library\Miscellaneous Devices.IntLib	TO-220_A
1N4148	D:\Program Files（x86）\Altium\Library\Miscellaneous Devices.IntLib	DO-35
1N4001	D:\Program Files（x86）\Altium\Library\Miscellaneous Devices.IntLib	DO-41
电阻	D:\Program Files（x86）\Altium\Library\Miscellaneous Devices.IntLib	AXIAL-0.4
薄膜电容	D:\Program Files（x86）\Altium\Library\Miscellaneous Devices.IntLib	RAD-0.3
电解电容	D:\Program Files（x86）\Altium\Library\Miscellaneous Devices.IntLib	RB7.6-15
开关	D:\Program Files（x86）\Altium\Library\Miscellaneous Devices.IntLib	SPST-2
连接器	D:\Program Files（x86）\Altium\Library\Miscellaneous Connector.IntLib	HDR1X2
干簧管	CB.PcbLib	Ganhuangguan

注:封装库中的绝大多数元器件名属于规范化专业术语,用户应对其有所了解。

（8）当执行第（5）步不再产生任何错误信息后,进入封装元器件布局和布线阶段。这个阶段具有高度技巧性、经验性,但并不难,只要根据菜单栏或工具栏指令提示完成操作即可。选择"Tool"→"Design rules check",然后根据产生的错误提示不断修改,直到满意为止。另外,在布局和布线过程中,可选择"Design"→"rules",根据提示进入 PCB 的设计规则设置界面,对布线、布局、过孔、线间距等规则进行动态修改,以便达到设计要求。

注意:要想真正设计出一款性能优良、美观的 PCB 版图绝非易事,不仅要熟练掌握 Altium Designer 操作技巧,而且要深入学习相关专业知识,还要对 PCB 的电磁兼容性、安全性、可靠性要求有深入了解。

4.3.6.3　Gerber 文件输出

Gerber 文件是一种符合电子工业协会(EIA)的标准,由美国格柏科学(Gerber Scientific)有限公司开发用于定义驱动光绘机的文件。该文件可把 PCB 图中的布线数据转换为光绘机用于生产 1 ： 1 高精度胶片的光绘数据,是能被光绘机处理的文件。PCB 生产厂商常用这种文件来制作 PCB。各种 PCB 设计软件都支持生成 Gerber 文件,一般可把 PCB 文件直接交给 PCB 生产商,厂商会将其转换成 Gerber 文件。有经验的 PCB 设计者通常会将 PCB 文件按自己的要求生成 Gerber 文件,交给 PCB 厂家制作,确保 PCB 制作出来的效果符合个人定制的设计要求。

这里不再展开介绍,读者可选择"Files"→"Fabrication Outputs",根据提示输出 Gerber 文件。

第五章　焊接技术

从由几个零件构成的整流器到由成千上万个零部件组成的计算机系统,任何电子设备都是由基本的电子元器件和功能构件按电路工作原理,用一定的工艺方法连接而成。虽然连接方法多种多样(如铆接、绕接、压接等),但使用最广泛的方法是锡焊。

随便打开一个电子设备,焊接点少则几十、几百个,多则几万、几十万个,其中任何一个焊接点出现故障都可能影响整机的工作性能。要从成千上万的焊接点中找出失效的焊接点,用大海捞针形容并不过分。关注每一个焊接点的质量是提高产品质量和可靠性的基本环节。

了解焊接技术,熟悉焊接工具、材料和基本原则,掌握最起码的操作技艺,是跨进电子信息领域的第一步。

5.1　焊接技术与锡焊

5.1.1　概述

焊接是金属加工的基本方法之一。通常,焊接技术分为熔焊、加压焊和钎焊三大类。钎焊是用加热熔化成液态的金属把固体金属连接在一起的方法,人们习惯把钎料称为"焊料",施焊的固体金属零件称为"焊件"。采用铅锡焊料进行焊接称为"铅锡焊",简称"锡焊"。显然,焊接电子元器件常用的锡焊属于钎焊中的一种。

简单地说,锡焊就是将铅锡焊料熔入焊件缝隙使其连接的一种焊接方法,其基本特征是:①焊料熔点低于焊件。②焊接时将焊件与焊料共同加热到焊接温度,焊料熔化而焊件不熔化。③连接的形式是由熔化的焊料润湿焊接面,产生冶金、化学反应形成结合层来实现的。

锡焊之所以在电子装配中获得广泛应用,主要是由于以下几点:

(1)铅锡焊料熔点较低,适合半导体等电子材料的连接。

(2)只需简单的加热工具和材料即可完成焊接,投资少。

(3)焊接点有足够强度和电气性能。

(4)锡焊过程可逆,易于拆焊。

近年来,随着人类社会文明的发展,人们保护环境的意识越来越强。由于铅对人体健康有危害,沿用了百年之久的铅锡焊料成为众矢之的,各种无铅焊料及随之而来的焊接工艺、设备和焊接点可靠性问题成为电子制造产业环保的重要课题。

5.1.2　锡焊机理

为使读者进一步了解锡焊过程,掌握正确的焊接操作,下面介绍几个最基本的锡焊机理:

(1)润湿:润湿是发生在固体表面和液体之间的一种物理现象。如果液体能在固体表面漫流开(又称为"铺展"),我们就说这种液体能润湿该固体表面。例如,对于固体玻璃而言,水能在干净的玻璃表面漫流而水银不能,如图 5.1 所示。水能润湿玻璃而不能润湿石蜡。这种润湿作用是物质所固有的一种性质。

图 5.1　干净玻璃表面的水和水银

对于确定的固体表面和液体而言,在确定的环境条件(温度、气压等)下,固体表面自由能和液体表面张力都是确定的,因此润湿程度也是确定的,即液体在固体表面漫流到一定程度就停止了。此时,液体和固体交界处形成一定的角度,这个角称为"润湿角",也叫"接触角",这是定量分析润湿现象的一个物理量。润湿角 θ 越小,润湿越充分,焊接质量越好。实际中我们以 $\theta = 90°$ 为润湿的分界,如图 5.2 所示。

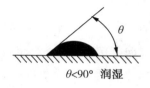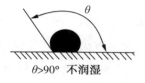

图 5.2　润湿的分界

锡焊过程中,熔化的铅锡焊料和焊件之间的作用正是润湿现象。如果焊料能润湿焊件,我们就说它们之间可以焊接。观测润湿角是锡焊检测的方法之一,一般质量合格的铅锡焊料和铜之间的润湿角可达 20°,无铅焊料和铜之间的润湿角超过 20°。实际应用中,对铅锡焊料而言,如果润湿角达到45°,焊接质量就会很好(见图5.3)。

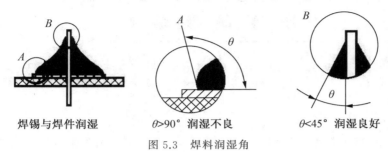

焊锡与焊件润湿　　　　θ>90°　润湿不良　　　　θ<45°　润湿良好

图5.3　焊料润湿角

（2）扩散:将铅块和金块表面加工平整后紧紧压在一起,经过一段时间后二者就会连到一起。如果用力把它们分开,会发现银灰色铅块的结合面有金光闪烁,而金块的结合面上也有银灰色铅的踪迹,这说明两块金属接近到一定距离时能相互入侵,这在金属学上被称为"扩散"。

根据原子物理学的内容很容易理解金属之间的扩散。通常,金属原子以结晶状态排列(见图5.4),原子间作用力的平衡可维持晶格的形状和稳定。当两块金属足够接近时,接触面上晶格的紊乱导致部分原子能从一个晶格点阵移动到另一个晶格点阵,从而引起金属之间的扩散。这种发生在金属界面上的扩散使两块金属结合成一体,实现金属之间的焊接,如图5.5所示。

金属之间的扩散不是任何情况下都会发生,而是有条件的,主要有两个基本条件:①距离。两块金属必须接近到足够小的距离,两块金属原子间的引力才会起作用。金属表面的氧化层或其他杂质都会使两块金属达不到这个距离。②温度。只有在一定温度下金属分子才具有动能,使得扩散得以进行。实际上,在常温下,扩散是非常缓慢的。为了实现焊接技术需要的焊料和焊件之间的扩散,必须将焊料加热到足够的温度。

从本质而言,锡焊是焊料与焊件在焊件界面上的扩散,焊件表面的清洁和加热是达到其扩散的基本条件。

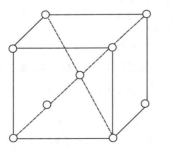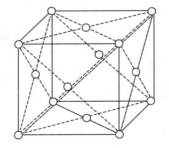

图5.4　金属晶格点阵模型

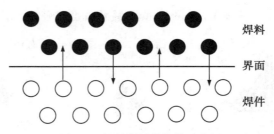

图 5.5　焊料与焊件扩散示意图

（3）结合层：焊料润湿焊件的过程中，焊料和焊件的界面有扩散现象发生，如图 5.6 所示。扩散使得焊料和焊件界面上形成一种新的金属合金层，我们称之为"结合层"，也称"界面层"。结合层的成分既不同于焊料又不同于焊件，而是一种既有电化学作用又有冶金作用的特殊层。结合层的作用是将焊料和焊件结合成一个整体，实现金属连续性，如图 5.7 所示。焊接过程与黏结物品的不同之处在于，黏合剂黏结物品是靠固体表面凹凸不平的机械啮合作用实现连接，而锡焊则是靠结合层的作用实现连接。一般认为，结合层厚度为 $0.5 \sim 3.5 \ \mu m$ 比较好，在此范围内焊点强度高，导电性能好。

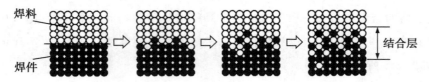

图 5.6　焊料与焊件之间扩散并形成结合层

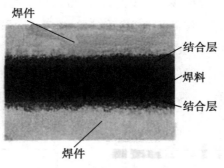

图 5.7　锡焊结合层示意图

综上所述，锡焊的过程是将表面清洁的焊件与焊料加热到一定温度，焊料熔化并润湿焊件表面，在其界面上发生金属扩散并形成结合层，从而实现金属连接的过程，如图5.8所示。

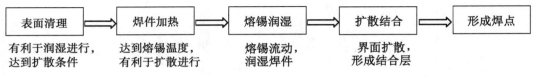

图 5.8　锡焊过程框图

5.1.3　焊接方法

随着焊接技术的不断发展,焊接方法也在手工焊接的基础上实现了自动焊接,即机器焊接。同时,无锡焊接也开始在电子产品装配中被广泛采用。

(1)手工焊接:手工焊接是采用手工操作的传统焊接方法。根据焊接前焊接点的连接方式不同,手工焊接分为绕焊、插焊、搭焊、钩焊等不同方式,如图5.9所示。

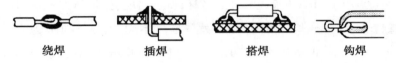

绕焊　　　　插焊　　　　搭焊　　　　钩焊

图 5.9　焊接方法示意

①绕焊:将被焊接元器件的引脚或导线缠绕在焊接点上进行焊接。绕焊的优点是焊接强度最高。此方法应用很广泛,高可靠整机产品的接点通常采用这种方法焊接。

②插焊:将被焊接元器件的引脚或导线插入洞形或孔形焊接点中进行焊接。插焊适用于带引脚、插针或插孔的元器件及印制电路板的常规焊接。

③搭焊:将被焊接元器件的引脚或导线搭在接点上进行焊接。搭焊适用于易调整或改焊的临时焊点。

④钩焊:将被焊接元器件的引脚或导线钩接在被连接件的孔中进行焊接。勾焊适用于既要缠绕,又有一定机械强度和便于拆焊要求的接点上。

(2)机器焊接:根据工艺方法的不同,机器焊接可分为浸焊、波峰焊和再流焊。

①浸焊:将装好元器件的印制电路板在熔化的锡锅内浸锡,一次完成印制电路板上全部焊接点的焊接。此方法主要用于小型印制电路板的焊接。

②波峰焊:采用波峰焊机一次完成印制电路板上全部焊接点的焊接。此方法已经成为印制电路板焊接的主要方法。

③再流焊:利用焊膏将元器件粘在印制电路板上,加热印制电路板后使焊膏中的焊料熔化,从而一次完成全部焊接点的焊接。目前,此方法主要应用于需要表面安装的片式元器件焊接。

5.2　焊接工具及材料

合适、高效的工具是焊接质量的保证，了解这方面的基本知识，对掌握锡焊技术是有帮助的。

5.2.1　电烙铁

电烙铁是手工施焊的主要工具。选择合适的电烙铁，合理地使用它，是保证焊接质量的基础。

由于用途、结构的不同，市面上有各式各样的电烙铁。按加热方式不同，电烙铁可分为直热式、感应式、气体燃烧式等；按烙铁发热能力不同，电烙铁可分为 20 W 电烙铁、30 W 电烙铁……300 W 电烙铁等；按功能不同，电烙铁可分为单用式、两用式、调温式等。

（1）直热式电烙铁：单一焊接用的直热式电烙铁是目前最常用的电烙铁。直热式电烙铁可分为内热式和外热式两种。图 5.10 为典型电烙铁的结构示意图。电烙铁主要由以下几部分组成：

①发热元件：电烙铁中的能量转换部分是发热元件，俗称"烙铁芯子"。它是由镍铬电阻丝缠在云母、陶瓷等耐热、绝缘材料上构成的。内热式电烙铁与外热式电烙铁的主要区别在于，外热式电烙铁的发热元件在传热体外部，而内热式电烙铁的发热元件在传热体内部。显然，内热式电烙铁的能量转换效率更高。因而，同样功率的电烙铁中内热式的体积、质量都小于外热式。

②烙铁头：烙铁头是烙铁的关键部件，它的好坏直接决定着烙铁的好坏，也直接影响着使用者的使用感受。烙铁头主体由铜组成，一般使用导热性好的紫铜。目前，有些厂家为了追求高利润，使用黄铜，甚至是直接用铁，虽然降低了成本，但也降低了烙铁头的导热效果。

质量好的烙铁头有多层电镀，如图 5.11 所示。烙铁头主体铜上先镀一层铁合金，以延长电烙铁的寿命；接着镀一层镍，其作用是防锈及抗氧化；然后，在外层镀铬，作用是防止腐蚀和预防焊锡向上蔓延；最后，镀上一层锡保护层，防止氧化且易与焊锡融合，使烙铁头易于上锡。这种有镀层的烙铁头一般不能修挫或打磨，因为电镀的目的就是保护烙铁头不被氧化腐蚀。

图 5.12 是几种常用烙铁头的形状，使用者可以根据自己的习惯及体会选择。随焊接对象的变化，每把烙铁可以配备多个烙铁头。需要注意的是，烙铁通电后一定要立刻蘸

上松香,否则表面会生成难镀锡的氧化层。

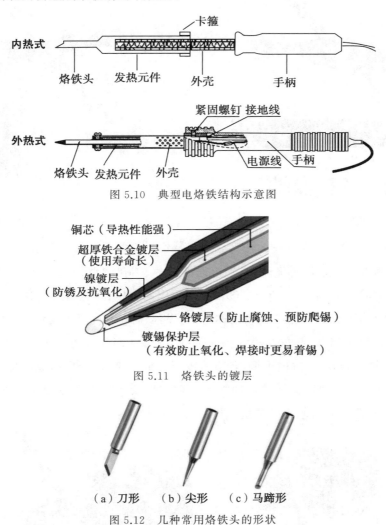

图 5.10　典型电烙铁结构示意图

图 5.11　烙铁头的镀层

（a）刀形　（b）尖形　（c）马蹄形

图 5.12　几种常用烙铁头的形状

③手柄:一般由木料或胶木制成,设计不良的手柄在温升过高时会影响操作。

④接线柱:接线柱是发热元件与电源线的连接处。需要注意的是,一般电烙铁有三个接线柱,其中一个是接金属外壳的,接线时应用三芯线将外壳接至保护零线。

使用新电烙铁或更换烙铁芯时,应判明接地端。最简单的办法是用万用表测外壳与接线柱之间的电阻。如果烙铁不热,也可用万用表快速判定烙铁芯是否损坏。

（2）可调温恒温式电烙铁:常用的可调温恒温式电烙铁有按键调温数码显示式和旋钮挡位调整式两种。该类电烙铁可由手柄上的调节旋钮或按键设置温度,实现自动达到恒温的目的。这种电烙铁也可将供电电压降为 24 V、12 V 低压或直流供电形式,这对于焊接操作安全性来说大有益处。图 5.13 是两种可调温恒温式电烙铁的实物图。

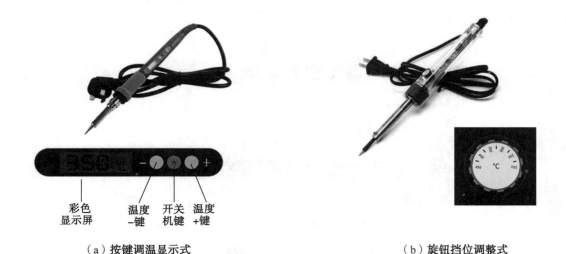

（a）按键调温显示式　　　　　　　　　　（b）旋钮挡位调整式

图 5.13　两种可调温恒温式电烙铁的实物图

可调温恒温式电烙铁的优点有：①可断续加热，不仅省电，而且烙铁不会过热，寿命长。②升温时间快，只需 40～60 s。③恒温不受电源电压、环境温度影响。

（3）电焊台：图 5.14 是近年流行的称为"电焊台"的一种高级电烙铁。实际上，电焊台是一种台式调温电烙铁，一般功率为 50～200 W，烙铁部分采用低压（AC 15～24 V）供电，温度在 200～500℃范围内可调，具有温度指示或温度数字显示，温度稳定性在±1～±3℃，大部分电焊台都具有防静电功能。这种电烙铁在安全和焊接性能方面都优于普通电烙铁，一般用于要求较高的焊接工作。

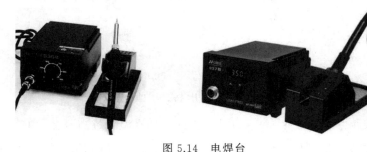

图 5.14　电焊台

（4）数控焊接台（智能电烙铁）：数控焊接台是一种应用现代自动化技术控制手工焊接过程的高档电烙铁。除了具有一般电焊台的性能外，数控焊接台还能够根据焊点焊接工艺需要，迅速调节输出功率，达到最佳焊接条件。有些数控焊接台还具备自动开关机、自动进锡料等功能，一般用于高密度、高可靠性印制电路板的组装、返修及维修等工作。图 5.15 是三种数控焊接台。

图 5.15 数控焊接台

(5)其他电烙铁:除上述几种电烙铁外,随着电子产品的应用日益广泛,各种新型电烙铁不断涌现。①感应式电烙铁也叫"速热电烙铁",俗称"焊枪",其特点是加热速度快,使用方便、节能。但对于一些电荷敏感器件(如绝缘栅 MOS 电路),不宜使用这种电烙铁。②储能式电烙铁是适应集成电路(特别是对电荷敏感的 MOS 电路)的焊接工具。③碳弧电烙铁是采用蓄电池供电,可同时除去焊件氧化膜的超声波电烙铁。④燃料烙铁采用可燃气体或液体燃料作为能源,适应野外或特殊条件的电路维修等手工焊接操作。

5.2.2 电烙铁的选用

为不同的施焊对象选择电烙铁时,主要从电烙铁的种类、功率及烙铁头的形状三个方面考虑,有特殊要求时可选择具有特殊功能的电烙铁。

(1)烙铁种类的选择:电烙铁的种类繁多,应根据实际情况灵活选用。一般的焊接应首选内热式电烙铁。对于大型元器件及直径较粗的导线,应考虑选用功率较大的外热式电烙铁。工作时间长,被焊元器件较少时,应考虑选用长寿命型的恒温电烙铁。当然,如果条件允许,选用恒温电烙铁或电焊台是比较理想的。表 5.1 为选择电烙铁种类的大体依据,仅供参考。

表 5.1 电烙铁的选择依据

焊件及工作性质	烙铁头温度	电烙铁选用
集成电路	250～400 ℃	20 W 内热式、恒温式或储能式电烙铁
一般印制电路板、导线	350～450 ℃	20 W 内热式电烙铁,30 W 外热式、恒温式电烙铁
2～8 W 电阻、电位器、电解大功率管	350～450 ℃	35～50 W 内热式电烙铁,50～75 W 外热式、恒温式电烙铁
8 W 以上电阻,∅2 mm 以上导线	400～550 ℃	100 W 内热式、150～200 W 外热式电烙铁
维修、调试一般电子产品	350 ℃	20 W 内热式、恒温式或储能式电烙铁
表面贴装高密度、高可靠性电路	350～400 ℃	恒温式电烙铁,电焊台,数控焊接台

　　(2)电烙铁功率的选择：在焊接集成电路、晶体管及其他受热易损坏的元器件时，一般选用 20 W 内热式或 25 W 外热式电烙铁，这是因为小功率的电烙铁具有体积小、质量小、发热快、便于操作、耗电少等优点。在焊接较粗的导线和同轴电缆时，一般选用 50 W 内热式或 50～75 W 外热式电烙铁。在焊接大型的元器件（如金属底盘接地焊片）时，可选用 100 W 以上的电烙铁。

　　电烙铁的功率选择一定要合适，过大易烫坏晶体管或其他元器件，过小则易出现假焊或虚焊，直接影响焊接质量。

　　烙铁头温度的高低，可以用热电偶或表面温度计测量，一般可根据助焊剂发烟状态粗略估计。温度越低，冒烟越少，持续时间越长，如表 5.2 所示。

表 5.2　观察法估测烙铁头温度

观察现象	烟细长，持续时间大于 20 s	烟稍大，持续 10～15 s	烟大，持续 7～8 s	烟很大，持续 3～5 s
估计温度	小于 200 ℃	230～250 ℃	300～350 ℃	大于 350 ℃
焊接应用	达不到焊接温度	PCB 和小型焊点	导线和较大焊点	粗导线、板材及大焊点

　　需要指出的是，不要认为电烙铁功率越小，越不会烫坏元器件。用一个小功率电烙铁焊大功率晶体管时，烙铁头同元器件接触后，热量迅速传递。由于电烙铁功率小，热量供应不足，焊点迟迟达不到焊接温度，不得不延长电烙铁停留的时间，从而使热量传到晶体管内部，使管芯温度过高，以致损坏，如图 5.16 所示。相反，用较大功率的电烙铁时，焊点局部很快就能达到焊接温度，不会使整个元器件承受长时间高温，因而不易损坏元器件。

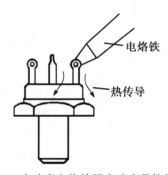

图 5.16　小功率电烙铁焊大功率晶体管示意

5.2.3　其他工具

（1）吸锡器与吸锡电烙铁：吸锡器是拆焊时收集熔化焊锡的工具，有手动式、电动式两种。维修拆卸元器件时需要使用吸锡器，尤其是大规模集成电路较为难拆，拆不好容易破坏印制电路板，造成不必要的损失。手动式吸锡器是比较简单的吸锡器，且大部分是塑料制品，它的头部由于常常接触高温，因此通常采用耐高温塑料制成，如图 5.17（a）所示。

图 5.17（b）所示的电烙铁是吸锡电烙铁，即在普通直热式电烙铁上增加吸锡结构，使其具有加热、吸锡两种功能。使用吸锡电烙铁或吸锡器吸锡时，要及时清除吸入的锡渣，保持吸锡孔通畅。

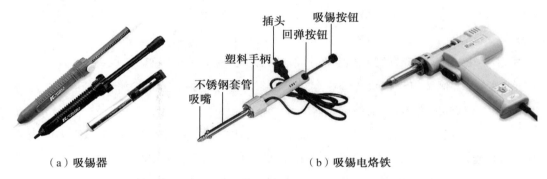

（a）吸锡器　　　　　　　　　　　　（b）吸锡电烙铁

图 5.17　手动式吸锡器与吸锡电烙铁

（2）焊接常用的工具：焊接常用的工具还有剥线钳、尖嘴钳、平嘴钳、斜嘴钳、平头钳（克丝钳）、镊子、螺钉旋具（俗称"螺丝刀""起子""改锥"）等工具，可根据实际情况选用。

特别要注意的是，剥线钳是专门用于剥去导线绝缘层的工具，使用时应注意将需剥绝缘层的导线放入合适的槽口，剥皮时不能剪断导线。

5.2.4　焊接材料

焊料也称"钎料"，软钎焊中通常使用低熔点的锡基合金，它的熔点低于被焊金属，熔化时能在被焊金属表面形成合金，将被焊金属连接到一起。

近年来，由于环保的需要，在很多生产领域，锡铅焊料属于被禁止使用的材料，已逐步被无铅焊料取代。但是，由于无铅焊料性能的局限性，目前还不能完全淘汰锡铅焊料，一定时期内有铅和无铅焊料会共存。

（1）铅锡合金：锡是一种质软低熔点金属，熔点为 232 ℃，在高于 13.2 ℃的环境中为银白色金属，在低于 13.2 ℃的环境中为灰色金属，在低于－40 ℃环境中会变成粉末。常温下锡的抗氧化性强,并且容易同多数金属形成金属化合物。纯锡质脆,机械性能差。铅是一种浅青白色软金属,熔点为 327 ℃,塑性好,有较高的抗氧化性和抗腐蚀性。铅属于对人体有害的重金属,在人体中积蓄会导致人体铅中毒。

铅锡合金是铅与锡熔解形成的合金(即铅锡焊料),具有一系列铅和锡不具备的优点:①熔点低,各种不同成分的铅锡合金熔点均低于铅和锡的熔点,有利于焊接。②机械强度高,铅锡合金的各种机械强度均优于纯锡和铅。③表面张力小,黏度下降,液态流动性增大,有利于焊接时形成可靠接头。④氧化性能好,铅的抗氧化性在合金中继续保持,使焊料在熔化时减少氧化量。

(2)共晶焊锡:共晶焊锡是指达到共晶成分的锡铅焊料,合金成分中锡的含量为61.9%,铅的含量为38.1%。在实际应用中,一般将含锡 60%、含铅 40%的焊锡就称为"共晶焊锡"。共晶焊锡是锡铅焊料中性能最好的一种,具有以下优点:①熔点低,焊接时加热温度低,可防止元器件损坏。②熔点与凝固点温度一致,都为 183 ℃,可使焊点快速凝固,不会因半熔状态时间间隔长而造成焊点结晶疏松、强度降低。这一点对自动焊接具有重要意义,因为自动焊接过程中存在振动。③流动性好,表面张力小,有利于提高焊点质量。④机械强度高,导电性好。

在实际应用中,铅和锡的比例不可能也没必要控制在理论比例上。共晶焊锡的凝固点和熔化点不一定是 183 ℃,而是在某个范围内,这在工程上是经济适用的。

(3)焊锡的物理性能及杂质的影响:①不同比例的铅锡合金,其物理性能有所区别。对于含锡 60%左右的焊锡,其抗张强度和剪切强度都比较好。含锡量不同,焊锡的性能和用途也不同,使用者应根据需要选择。对于一般的电子焊接,特别是手工烙铁,锡焊多用共晶焊锡。②焊锡除含有铅和锡外,还含有其他微量金属。这些微量金属作为杂质,会对焊锡的性能产生有利于或不利于焊接的影响。为了使焊锡获得某种性能,有时也可以掺入某些金属,如掺入 0.5%~2%的银可使焊锡熔点降低、强度提高,掺入铜可使焊锡变为高温焊锡。

(4)焊料产品:手工烙铁焊接常用管状焊锡丝,即将焊锡制成管状,内部加入助焊剂。助焊剂一般由优质松香添加一定活化剂制成。松香很脆,拉制时容易断裂,会造成局部缺焊剂的现象。而多芯焊丝则能克服这个缺点,其成分一般是含锡量为 60%~65%的铅锡合金。焊锡丝的直径有 0.5 mm、0.8 mm、0.9 mm、1.0 mm、1.2 mm、1.5 mm、2.0 mm、2.3 mm、2.5 mm、3.0 mm、4.0 mm、5.0 mm。除焊锡丝外,还有扁带状、球状、饼状等形状的焊料,如图 5.18 所示。

（a）焊锡丝　　　（b）焊锡丝横截面　　　（c）焊料条　　　（d）球状焊料

图 5.18　常见的焊料产品

另外，还有一种常用的焊料叫"焊锡膏"，是一种适用于再流焊的焊料。焊锡膏是由焊锡粉、助焊剂以及其他添加物混合而成的膏体。焊锡膏在常温下有一定的黏性，可将电子元器件黏在既定的位置。在焊接温度下，焊锡膏将被焊元器件与印制电路板的焊盘焊接在一起，形成永久连接。

5.2.5　焊剂及阻焊剂

5.2.5.1　焊剂

金属表面同空气接触后都会生成一层氧化膜，这层氧化膜会阻止液态焊锡对金属的润湿作用，犹如玻璃沾上油水就不能润湿一样。焊剂就是用于清除氧化膜的一种专用材料，又称"助焊剂"。焊剂不像电弧焊中的焊药那样参与焊接的冶金过程，而仅仅起到清除氧化膜的作用。

（1）焊剂的作用：①去除氧化膜。焊剂与氧化物反应后的生成物变成悬浮的渣，漂浮在焊料表面。②防止氧化。液态焊锡及加热的焊件金属都容易与空气中的氧接触而氧化，焊剂熔化后漂浮在焊料表面，形成隔离层，防止焊接面被氧化。③减小表面张力，增加焊锡的流动性，有助于焊锡浸润。

（2）对焊剂的要求：①熔点低于焊料，只有这样才能发挥焊剂的作用。②表面张力、黏度、密度小于焊料。③残渣容易清除和清洗，否则会影响外观，对高密度组装产品来说甚至还会影响电路性能。④不腐蚀基材。⑤不产生有害气体或刺激性气味。

（3）焊剂的分类及选用：软钎焊焊剂可分为无机系列、有机系列和松香系列。锡焊中常用松香系列。松香系列的活性弱，腐蚀性也弱，清洗比较容易，在要求不高的产品中可以不清洗，适合电子装配锡焊。焊接时，尤其是手工焊接时，多采用松香焊锡丝。有时也将由松香溶入酒精制成的松香水，涂在敷铜板上起防氧化和助焊的作用。松香在反复使用变黑后，就会失去助焊的作用。

5.2.5.2　阻焊剂

在焊接过程中,特别是在浸焊及波峰焊中,为提高焊接质量,需要耐高温的阻焊涂料,把不需要焊接的部分保护起来,起到阻焊作用,使焊料只在需要焊接的焊盘上进行,这种阻焊材料称为"阻焊剂"。阻焊剂具有以下优点:

(1)可防止桥接、短路及虚焊等情况的发生,减少印制电路板的返修率,提高焊点的质量。

(2)可覆盖印制电路板的部分板面,减少焊接时印制电路板受到的热冲击,降低印制电路板的温度,使板面不易起泡、分层,同时也能起到保护元器件的作用。

(3)除了焊盘外,其他部分均不上锡,这样可以节约大量的焊料。

(4)使用带有色彩的阻焊剂,可使印制电路板的板面显得整洁美观。

5.3　手工焊接技术

现代科技的飞速发展,电子产业高速增长,驱动着焊接方法和设备不断推陈出新。波峰焊、热风再流焊、气相再流焊、激光焊……可谓日新月异,如同尽管有了汽车、高铁、飞机等交通工具,但步行永远不会被取代一样,手工焊接仍然具有广泛的应用,它不仅是小批量生产研制和维修必不可少的操作方法,也是了解机械化、自动化生产焊接机制并获得成功的基础。

5.3.1　手工焊接的条件

作为一种操作技术,手工锡焊要通过实际训练才能掌握。遵循基本的原则,学习前人积累的经验,运用正确的方法,可以达到事半功倍的效果。

(1)焊件可焊性:不是所有的材料都可以用锡焊实现连接,只有部分金属有较好的可焊性(严格地说是可以锡焊的性质),能用锡焊连接。铜及其合金、金、银、锌、镍等金属都具有较好的可焊性,而铝、不锈钢、铸铁等金属可焊性很差,一般需采用特殊焊剂及方法才能焊接。

(2)焊料合格:铅锡焊料成分不合规格或杂质超标都会影响锡焊质量,特别是某些杂质,如锌、铝、铜等,即使是0.001%的含量也会明显影响焊料润湿性和流动性,降低焊接质量。因此,选择合格的焊料是保证焊接质量的关键。

（3）焊剂合适：当然，要保证焊接质量，也应选择合适的焊剂。焊接不同的材料要选用不同的焊剂，即使是同种材料，当采用不同的焊接工艺时往往也要用不同的焊剂。例如对于手工焊接和浸焊，焊后清洗与不清洗就需采用不同的焊剂。对手工锡焊而言，采用松香或活性松香能满足大部分电子产品的装配要求。另外，焊剂的量必须合适，过多或过少都不利于锡焊。

（4）适用的工具：电烙铁、烙铁头、清洁烙铁头的物品、夹持工具以及必要的电工工具是手工焊接必备的工具，使用时必须保证工具完好，特别要注意电烙铁的安全性和适用性。

（5）焊点设计合理：合理的焊点几何形状对保证锡焊的质量至关重要，不同的导线连接方式对焊接质量有不同的影响。①图 5.19（a）所示的焊点因铅锡焊料强度有限，很难保证焊点有足够的强度，不推荐使用。②图 5.19（b）所示的焊点有很大改善，可以保证焊点有足够的强度，比较推荐。

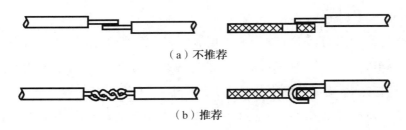

（a）不推荐

（b）推荐

图 5.19　锡焊接点设计

直插式元器件的引脚与焊盘孔间隙不同时对焊接质量的影响也不同。①图 5.20（a）所示间隙合适，强度较高。②图 5.20（b）所示间隙过小，焊锡不能润湿。③图 5.20（c）所示间隙过大，易形成气孔。表面贴装中焊盘设计对焊接质量的影响更大，因而对焊盘尺寸、形状、位置及相互间距设计要求更加严格。

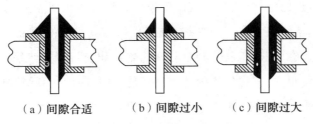

（a）间隙合适　　　　（b）间隙过小　　　　（c）间隙过大

图 5.20　引脚与焊盘孔间隙

（6）清洁的焊件表面：为了使熔融焊锡能良好地润湿固体金属表面，并使焊锡和焊件达到原子间相互作用的距离，要求被焊金属表面一定要清洁，从而使焊锡与被焊金属充分吸引扩散，形成合金层。即使是可焊性好的焊件，由于长期存储和污染等原因，焊件表面也可能产生有害的氧化膜、油污等。所以,在实施焊接前必须清洁焊件表面,否则难以保证焊接质量。

(7)适当的温度:加热过程中不但要焊锡熔化,而且要将焊件加热到熔化焊锡的温度。只有在足够高的温度下,焊料才能充分浸润,并充分扩散形成合金层。但过高的温度也是有害的,因此焊接时要加热到适当的温度。

(8)适当的焊接时间:焊接时间是指在焊接过程中,焊料进行物理和化学变化所需要的时间。它包括被焊金属材料达到焊接温度所需的时间、焊锡熔化的时间、助焊剂发生作用并生成金属化合物的时间等。焊接时间的长短应适当,时间过长会损坏元器件并使焊点的外观变差,时间过短焊料不能充分润湿被焊金属,导致达不到焊接要求。

5.3.2　手工焊接的准备

5.3.2.1　电烙铁的准备

(1)安全检查:用万用表检查电烙铁的电源线有无短路、开路,电烙铁是否漏电,电源线的装接是否牢固,螺钉是否松动,手柄上的电源线是否紧固,电源线有无破损,烙铁头有无松动。检查完毕,确保电烙铁正常后才可通电。

(2)烙铁头处理:新的电烙铁一般不宜直接使用,应先对烙铁头进行镀锡处理。具体方法如下:将烙铁头装好通电,在木板上放些松香并放一段焊锡,将烙铁头蘸上焊锡后在松香中来回摩擦,直到整个烙铁修整面均匀镀上一层锡为止。

5.3.2.2　焊件的准备

(1)导线:导线的种类有很多,常用的有三种。①单股导线:绝缘层内只有一根导线,俗称"硬线",容易成形固定,常用于固定位置连接。漆包线也属于此范围,只不过它的绝缘层不是塑胶,而是绝缘漆。②多股导线:绝缘层内有 4～67 根或更多的导线,俗称"软线",使用最为广泛。③屏蔽线:从外到里分别为绝缘层、屏蔽层、绝缘芯线。屏蔽线在弱电信号的传输中应用很广,同样结构的还有高频传输线(一般叫"同轴电缆线")。

导线的焊前处理非常重要,主要包括以下几步:

①剥绝缘层:导线焊接前要除去末端绝缘层。剥除时可用普通工具或专用工具,一般可用剥线钳或简易剥线器,大规模生产中采用专用机械。简易剥线器可用 0.5～1 mm 厚度的黄铜片经弯曲后固定在电烙铁上制成,使用它最大的好处是不会损伤导线。用剥线钳或普通斜嘴钳剥线时不应伤及导线,多股线及屏蔽线不能断线,否则将影响接头质

量。对于多股导线,剥除绝缘层时应将线芯拧成螺旋状,一般采用边拧边拽的方式,如图5.21 所示。剥屏蔽线绝缘层的过程如图 5.22 所示。

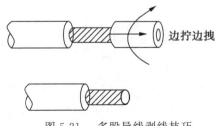

图 5.21　多股导线剥线技巧

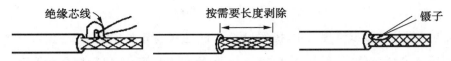

（a）按需要长度剥除绝缘层　（b）用镊子在屏蔽层挖个小洞　（c）从洞中抽出绝缘芯线

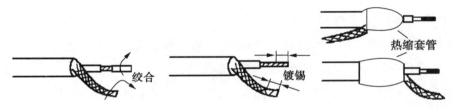

（d）分别绞合屏蔽层和绝缘层　（e）分别给屏蔽层和绝缘层芯线镀锡　（f）套上热缩套管并加热

图 5.22　剥屏蔽线绝缘层的过程

　　② 镀锡:镀锡的目的在于防止锡氧化,提高焊接质量。镀锡时,将导线放在松香块上或松香盒里,用带焊锡的烙铁给导线端头涂一层松香。但注意不要让焊锡浸入到导线的绝缘层中,要在绝缘层前留出 1～3 mm 没有镀锡的间隔。另外,多股导线、屏蔽线镀锡时要边镀锡边旋转,旋转方向要与拧合方向一致。

　　③连接导线:导线的连接主要有两部分,分别为导线与接线端子的连接、导线与导线的连接。

　　导线与接线端子的连接方法主要有以下三种:

　　a.绕焊:焊前先将导线弯曲,把经过镀锡的导线端头在接线端子上缠一圈,用钳子拉紧缠牢后进行焊接,如图 5.23(a)所示。注意:导线一定要紧贴接线端子表面,绝缘层不要接触端子,一般绝缘层与接线端子间的距离(L)以 1～3 mm 为宜。这种连接方法可靠性最好。

　　b.钩焊:将导线端子弯成钩形,钩在接线端子上,并用钳子夹紧后焊接,如图 5.23(b)所示。

c.搭焊:搭焊如图5.23(c)所示。这种连接方法最方便,但强度、可靠性较差,仅用于临时连接或不便于缠、钩的地方以及某些接插件上。

（a）绕焊　　　　　　　（b）钩焊　　　　　　　（c）搭焊

图5.23　导线与端子的连接

导线与导线的连接以绕焊为主,操作步骤如下:去掉一定长度的绝缘皮后,对接线端子镀锡,并套上热缩套管,然后绞合,焊接,最后加热热缩套管,冷却后热缩套管固定在接头处。

（2）元器件:元器件的焊接准备主要有三步。

①去除氧化层:对于储存时间较长的元器件,其引脚表面可能发生氧化,因此在焊接前要先把元器件引脚的氧化层刮掉。

②引脚成形:为使元器件在印制电路板上的装配排列整齐并便于焊接,在安装前通常采用手工或专用机械把元器件引脚弯曲成一定的形状,如图5.24所示。无论采用哪种方法,都应该按照元器件在印制电路板上孔位的尺寸要求,使弯曲成形的引脚能方便地插入印制电路板。为了避免损坏元器件,必须注意以下两点:

a.引脚弯曲的最小半径不得小于引脚直径的两倍,不能打死弯。

b.引脚弯曲处距离元器件本体要在1.5 mm以上,绝对不能从引脚的根部开始弯折,如图5.25所示。对于容易崩裂的玻璃封装的元器件,引脚成形时尤其要注意。

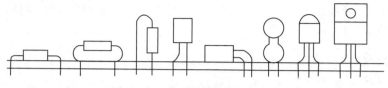

图5.24　元器件引脚成形示意图

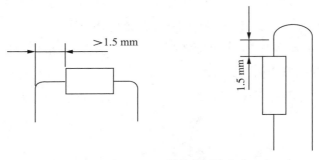

图 5.25　元器件的引脚弯曲

③插装：元器件的插装有贴板插装与悬空插装两种。贴板插装如图 5.26(a)所示，具有稳定性好、插装简单的优点，但不利于散热，且对某些安装位置不适用。悬空插装如图 5.26(b)所示，适用范围广，有利于散热，但插装较复杂，需控制一定高度以保持美观一致，悬空高度一般取 2～6 mm。一般无特殊要求时，只要位置允许，均采用贴板插装。插装时应注意：

a.元器件字符标记方向应保持一致，容易读出，图 5.27 所示安装方向是符合阅读习惯的方向。

b.插装时不要用手直接接触元器件引脚和印制电路板上的铜箔。

c.插装后为了固定可对引脚进行弯折处理。

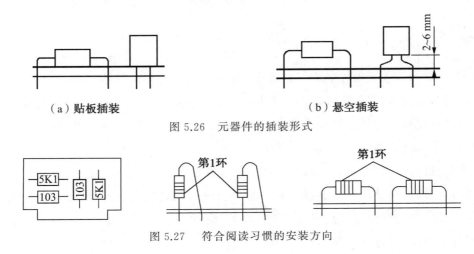

（a）贴板插装　　　　　　　　　（b）悬空插装

图 5.26　元器件的插装形式

图 5.27　符合阅读习惯的安装方向

5.3.3　手工焊接操作方法及卫生

5.3.3.1　电烙铁与焊锡丝拿法

电烙铁拿法有三种，分别为反握法、正握法、握笔法，如图 5.28 所示。反握法动作稳定,长时间操作不易疲劳,适于大功率烙铁。正握法适用于中等功率烙铁或带弯头电烙铁。一般在操作台上焊印制电路板等焊件时多采用握笔法。

使用电烙铁时要配置烙铁架,一般放置在工作台右前方,电烙铁用后一定要稳妥放于烙铁架上,并注意导线等物品不要接触烙铁头。

焊锡丝一般有两种拿法,如图 5.29 所示。

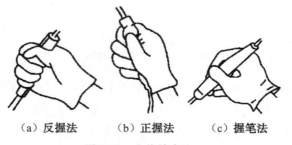

（a）反握法　　　（b）正握法　　　（c）握笔法

图 5.28　电烙铁拿法

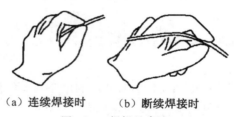

（a）连续焊接时　　　（b）断续焊接时

图 5.29　焊锡丝拿法

5.3.3.2　直插元器件的手工焊接

初学者学习直插元器件的手工焊接技术时可从五步法训练开始,如图 5.30 所示。

(1)准备施焊:将焊件插入印制电路板,使印制电路板焊接面朝上,稳妥地放在工作台上。此时,需要注意的是烙铁头部要保持干净,可以沾上焊锡(俗称"吃锡")。左手拿焊锡丝,右手拿电烙铁,如图 5.30(a)所示。

(2)加热焊件:将电烙铁接触焊点使之受热,如图 5.30(b)所示。注意:要用电烙铁加热焊件各部分,即要使印制电路板上的焊盘和引脚都均匀受热。另外,要注意让烙铁头的扁平部分(较大部分)接触热容量较大的焊件,烙铁头的侧面或边缘部分接触热容量较小的焊件,以保持焊件均匀受热。

(3)熔化焊料:当焊件加热到能熔化焊料的温度后将焊锡丝置于焊点,焊锡丝将开始熔化并润湿焊点,如图 5.30(c)所示。

(4)移开焊锡丝:当熔化一定量的焊锡后将焊锡丝移开,如图 5.30(d)所示。

(5)移开电烙铁:当焊锡完全润湿焊点后移开电烙铁,注意移开电烙铁的角度约为45°,如图 5.30(d)所示。

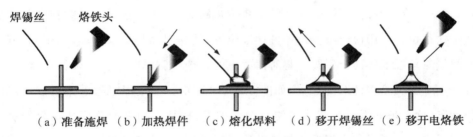

（a）准备施焊　（b）加热焊件　（c）熔化焊料　（d）移开焊锡丝　（e）移开电烙铁

图 5.30　直插元器件手工焊接的五步法

5.3.3.3　表贴元器件的手工焊接

在制作电子产品样品或维修电子产品时,有时需要手工焊接表贴元器件。表贴元器件引脚间距小,焊接时应使用烙铁头为尖锥式(或圆锥式)的恒温电烙铁。若要使用普通电烙铁,电烙铁的金属外壳应接保护地线,以防感应电压损坏元器件。

(1)二、三端表贴元器件的焊接:二、三端表贴元器件的焊接方法有两种。

方法一的焊接步骤如下:①预置焊点。在一个焊盘上镀适量焊锡,如图 5.31(a)所示。②熔化焊点。将电烙铁头压在镀锡的焊盘上,使焊锡保持熔融状态,如图 5.31(b)所示。③放置元器件。用镊子夹着元器件推到焊盘上后,使电烙铁离开焊盘。待焊锡凝固后,松开镊子,如图 5.31(c)所示。④焊接其余焊端。用五步法焊接其余焊端,如图 5.31(d)所示。

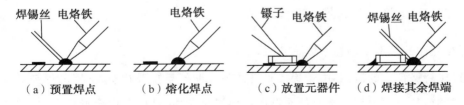

（a）预置焊点　　（b）熔化焊点　　（c）放置元器件　（d）焊接其余焊端

图 5.31　表贴元器件的手工焊接方法一

方法二的焊接步骤如下:①点胶。在印制电路板上安装元器件位置的几何中心点滴一滴不干胶,如图 5.32(a)所示。②粘贴。用镊子将元器件压放到不干胶上,并使元器件焊端或引脚与焊盘严格对准,如图 5.32(b)所示。③焊接。用五步法焊接所有焊端,如图 5.32(c)所示。

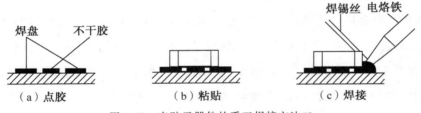

（a）点胶　　　　　　（b）粘贴　　　　　　（c）焊接

图 5.32　表贴元器件的手工焊接方法二

(2)表贴集成电路的焊接:焊接表贴式集成电路时,可采用滚焊(又称"拖焊")的焊接方法。①摆准位置。用镊子将待焊器件摆准位置,使其引脚与焊盘对准,如图5.33(a)所示。②焊接对角线上的两个引脚。将对角线上的两个引脚临时用少许焊锡点焊一下,然后检查每一个引脚是否都对准焊盘,如图5.33(b)所示。③滚焊。将电路板按一定的角度倾斜搁置,让大量的焊料在充分多的焊剂保护下,按从上到下的顺序从要焊的引脚上慢慢拖滚下来。如果引脚之间发生焊锡粘连现象,可用烙铁尖轻轻沿引脚向外刮抹使其分离,如图5.33(c)所示。

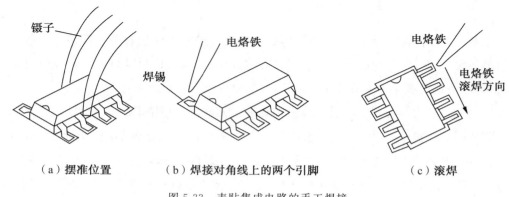

（a）摆准位置　　　　　（b）焊接对角线上的两个引脚　　　　　（c）滚焊

图 5.33　表贴集成电路的手工焊接

5.3.3.4　焊接操作的基本要领

焊接操作的基本要领包含以下几点:

(1)保持烙铁头的清洁:由于焊接时烙铁头长期处于高温状态,又接触焊剂等受热易分解的物质,其表面很容易被氧化而形成一层黑色杂质,这些杂质会形成隔热层,使烙铁头失去加热作用。因此要随时在一块湿布或湿海绵上擦拭烙铁头,除去杂质。

(2)加热要靠焊锡桥:要提高烙铁头的加热效率,需要形成热量传递的焊锡桥。所谓"焊锡桥",是指在烙铁上保留少量焊锡,以此作为烙铁头与焊件之间传热的桥梁。由于金属液体的导热效率远高于空气,这样做可以使焊件很快被加热到焊接温度。但需要注意的是,作为焊锡桥的焊锡不可过多。

(3)焊锡量要合适:过量的焊锡不但会消耗较贵的锡,而且会增加焊接时间,相应地也将降低工作速度。更为严重的是,在高密度的电路中,过量的锡很容易造成桥接,导致短路。焊锡过少则不能形成牢固的结合,会降低焊点的机械强度,特别是在印制电路板上焊导线时,焊锡不足往往造成导线脱落。在板上焊导线时焊锡量的标准如图5.34所示。

（a）合适的焊锡量、合格的焊点　（b）焊锡过多，浪费　（c）焊锡过少，焊点机械强度差

图 5.34　在板上焊导线时焊锡量的标准

（4）不要使用过量的焊剂：虽然焊剂必不可少，但并不是越多越好。过量的松香不仅会导致焊接后需要清洗焊点周围，而且会延长加热时间（松香熔化、挥发会带走热量），降低工作效率；当加热时间不足时，过量的松香又容易夹杂到焊锡中形成"松香焊"缺陷。焊接开关元器件时，过量的焊剂容易流到触点处，从而造成接触不良。

使用松香芯的焊锡丝基本不需要再涂焊剂。若使用松香水，合适的焊剂量应该是松香水仅能浸湿将要形成的焊点，不要让松香水透过印制电路板流到元件面或插座孔里。

（5）掌握好加热时间：手工焊接五步法对一般焊点而言用时为 2～3 s。焊接时要注意各步骤之间停留的时间，这对保证焊接质量至关重要。焊接时可以根据实际情况采用不同的加热速度。在烙铁头形状不良或用小烙铁焊接大焊件时，不得不延长时间以满足锡料对温度的要求，但在大多数情况下延长加热时间对电子产品的装配是有害的，其原因有以下几点：①焊点的结合层由于长时间加热而超过合适的厚度，引起焊点性能变质。②印制电路板、塑料等材料受热时间过长会变形。③元器件受热后性能会发生变化，甚至失效。④焊点表面由于焊剂挥发，失去保护而氧化。由此可见，在保证焊料润湿焊件的前提下，焊接时间越短越好，焊接时间需要通过实践才能逐步掌握。

（6）保持合适的温度：如果为了缩短加热时间而采用高温烙铁焊接小焊点，则会带来另一方面的问题，即焊锡丝中的焊剂因没有足够的时间在被焊面上漫流而过早地挥发失效。另外，虽然温度过高会使加热时间缩短，但也会造成过热现象。由此可见，要保持烙铁头在合理的温度范围内。一般来说，烙铁头温度比焊料熔化温度高 50 ℃较为适宜。

理想的状态是在较低的温度下缩短加热时间，尽管这是矛盾的，但在实际操作中可以通过操作手法获得令人满意的解决方法。

（7）不要用烙铁头对焊点施力：烙铁头把热量传给焊点主要靠增加接触面积，用烙铁头对焊点施力是没用的。很多情况下用烙铁头对焊点施力会造成焊件的损伤，例如电位器、开关、接插件的焊接点往往固定在塑料构件上，施加外力容易造成元器件失效。

（8）电烙铁撤离有讲究：电烙铁撤离要及时，并且撤离时的角度和方向也会对焊点的形成产生一定影响。图 5.35 为不同撤离方向对焊料的影响。撤离电烙铁时轻轻旋转一下,可使焊点保有适当的焊料,这需要在实际操作中体会。

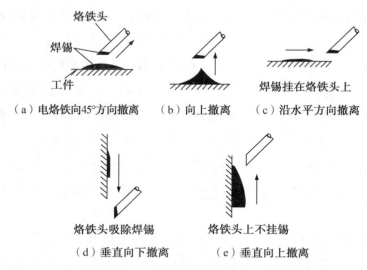

（a）电烙铁向45°方向撤离　　（b）向上撤离　　（c）沿水平方向撤离

（d）垂直向下撤离　　　　　（e）垂直向上撤离

图 5.35　不同撤离方向对焊料的影响

（9）焊件要固定:在焊锡凝固之前不要使焊件移动或振动,特别是用镊子夹住焊件时一定要等焊锡凝固后再移去镊子。这是因为焊锡凝固过程是结晶过程,根据结晶理论,在结晶期间受到外力(焊件移动)时会改变结晶条件,导致晶体粗大,造成"扰焊"。"扰焊"的表面无光泽,呈豆渣状,内部结构疏松,容易有气隙和裂缝,造成焊点强度降低,导电性能差。因此,在焊锡凝固前一定要保持焊件静止。实际操作时可以用各种适宜的方法将焊件固定,或采用可靠的夹持措施。

5.3.3.5　焊接后的处理

（1）剪去多余引脚,注意不要对焊点施加剪切力以外的其他力。

（2）检查所有焊点,修补存在漏焊、虚焊等缺陷的焊点。

（3）根据工艺要求选择合适的清洗液清洗印制电路板。一般来说,使用松香焊剂的印制电路板不用清洗。涂过焊油或氯化锌的印制电路板要用酒精擦洗干净,以免腐蚀印制电路板。

5.3.3.6　手工焊接操作卫生

由于焊丝中的金属有一定毒性,特别是铅锡焊料中的铅对人体危害很大,因此进行手工焊接操作时应戴手套或操作后及时洗手,避免铅进入人体。同时,焊剂加热挥发出的化学物质对人体也有害，如果操作时鼻子距离烙铁头太近，很容易吸入有害气体。因此，一般烙铁头离开鼻子的距离应不小于 30 cm，通常以 40 cm 为宜。同时，还应注意室内通风换气。最好的操作方法是在焊接工作台上设置单独的或者集中的烟雾净化装置或抽气装置。

5.4 自动化焊接技术

随着电子产品的高速发展，以提高工效、降低成本、保证质量为目的的机械化、自动化锡焊技术（主要是印制电路板的锡焊）不断发展，特别是电子产品向微型化发展，单靠人的技能已无法满足焊接要求。机器焊接方法中，浸焊比手工烙铁焊效率高，但依然没有摆脱手工操作。波峰焊比浸焊前进了一大步，但已属于过去的技术。再流焊是当今主流的焊接方法，呈现出强劲的发展势头。其他锡焊技术也在发展。

5.4.1 浸焊与拖焊

5.4.1.1 浸焊

浸焊是将安装好的印制电路板浸入熔化状态的焊料液中，一次性完成印制电路板上所有焊接的方法，是一种手工操作机器的焊接方式，是最早替代手工焊接的大批量机器焊接方法。焊点以外不需要连接的部分通过阻焊剂来保护。图 5.36 为小批量生产中仍在使用的几种浸焊设备实物及示意图。

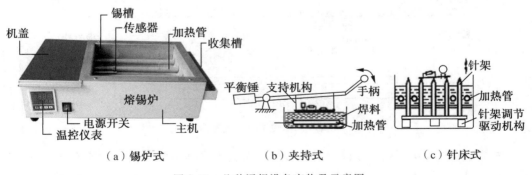

（a）锡炉式　　　　　（b）夹持式　　　　　（c）针床式

图 5.36　几种浸焊设备实物及示意图

5.4.1.2 拖焊

最早的自动焊接方式就是拖焊，焊接过程中将组装好并涂有助焊剂的印制电路板以水平状态慢慢地浸入静止的熔融焊锡池中,并沿着表面拖动一段预先确定好的距离,然后将其从焊锡池中取出,完成焊接。

　　尽管拖焊比浸焊又进了一步,但由于焊接中印制电路板与焊锡有较长的接触时间,增加了基材和元器件的加热程度,并且较大的接触面积使得产生的气体难以逸出,故产生吹孔缺陷的数量较多,再加上表面浮渣形成较快,这种焊接方法很快被波峰焊取代。

5.4.2　波峰焊

　　波峰焊是直插元器件的主流焊接工艺,也可用于部分表贴元器件的焊接。波峰焊机实物图如图 5.37 所示。波峰焊工作原理示意图如图 5.38 所示,波峰由机械泵或电磁泵产生,且可被控制,印制电路板由传送带以一定速度和倾斜度通过波峰,完成焊接。波峰焊适用于大批量印制电路板生产。

图 5.37　　波峰焊机实物图

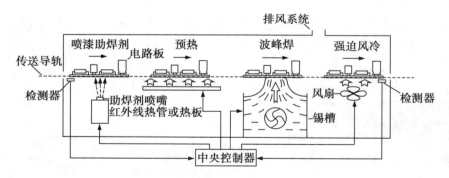

图 5.38　　波峰焊工作原理示意图

　　由于波峰焊无法焊接球栅阵列封装(BGA)等需要底部引脚封装的元器件,因而近年来在产品制造中越来越多地使用再流焊技术。但由于波峰焊在通孔插装工艺中,特别是体积较大的直插式元器件焊接中,仍然具有优势,因此在通孔插装和表面贴装工艺共存的情况下,波峰焊工艺仍然有存在和发展的空间。

　　另外,还有一种特殊形式的波峰焊——选择性波峰焊。它是为了满足直插式元器件焊接发展的要求应运而生的一种焊接方法。这种焊接方法也可以称为"局部波峰焊",其主要特点是可以实现整板局部焊接,液体焊料不是"瀑布式"地喷向整块印制电路板,而是"喷泉式"地喷到需要焊接的部位,因而可以克服传统波峰焊的缺点。

使用选择性波峰焊进行焊接时,每一个焊点的焊接参数都可以量身订制,不必再互相将就。通过对焊接机编程,把每个焊点的焊接参数(如助焊剂的喷涂量、焊接时间、焊接波峰高度等)调至最佳,从而使缺陷率降低,甚至有可能做到直插式元器件的零缺陷焊接。

选择性波峰焊只是对需要焊接的点进行助焊剂的选择性喷涂,因此印制电路板的清洁度大大提高,离子污染也大大降低。

5.4.3　再流焊

再流焊又称"回流焊",是伴随微型化电子产品的出现而发展起来的焊接技术,主要应用于各类表贴式元器件的焊接。这种焊接技术的焊料及焊剂是焊锡膏,焊接设备为再流焊机(见图 5.39)。

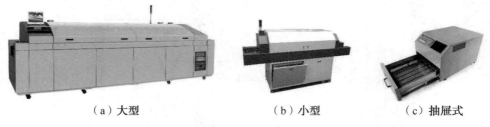

(a) 大型　　　　　　(b) 小型　　　　　　(c) 抽屉式

图 5.39　再流焊机

再流焊的工艺流程如下:首先,在印制电路板的焊盘上涂上适量的焊锡膏,然后把表贴式元器件贴装到相应位置。焊锡膏具有一定的黏性,所以能使元器件固定。最后,把贴装好元器件的印制电路板放入再流焊机中,焊锡膏经过干燥、预热、熔化、润湿、冷却,将元器件焊接到印制电路板上。具体如图 5.40 所示。

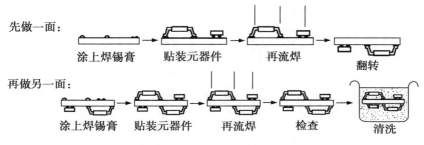

图 5.40　再流焊的工艺流程

再流焊可以焊接微小型元器件中极细小的引脚,使电子产品的微小型化得以不断推进。

5.4.4　焊接机械手

焊接机械手(也称"焊接机器人")是为了解决手工焊接的弱点而发展起来的工具。两种常见的焊接机械手如图 5.41 所示。

图 5.41(a)是一个具有灵活手臂关节的通用机械手,配上焊接系统(如电烙铁、焊锡丝以及相应控制模块)。焊接机械手的焊接过程与人工焊接过程类似,但它只受计算机程序的控制,不受操作者技能和情绪的影响。

图 5.41(b)是专门为焊接开发的运动控制与焊接系统一体化机械手,其运动控制与通用机械手类似,除了实现三维运动外,还可以在一定范围内转动角度,以适应焊接工艺的需求。

注意:焊接机械手需要根据印制电路板、元器件、焊接工艺规范的要求进行编程。

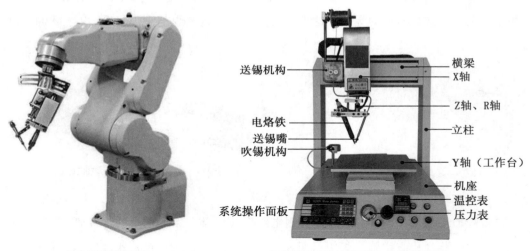

（a）通用机械手　　　　　（b）运动控制与焊接一体化机械手

图 5.41　两种常见的焊接机械手

5.5　焊接质量检测

5.5.1　对焊点的基本要求及失效分析

5.5.1.1　对焊点的基本要求

(1)可靠的电连接：电子产品的焊接质量与电路通断情况紧密相连。一个焊点要能稳定、可靠地通过一定的电流，没有足够的连接面积和稳定的组织是不行的。锡焊连接不是靠压力，而是靠结合层达到电连接的目的。如果焊锡仅仅是堆在焊件的表面或只有少部分形成结合层，那么在最初的测试和工作中不易发现焊点存在的问题。但随着条件的改变和时间的推移，电路会出现时通时断或干脆不工作的状况，而这时只观察外表会发现电路依然是连接良好的。这种情况是电子产品使用中最令人头疼的，也是制造者必须重视的问题。

(2)足够的机械强度：焊接不仅起电连接作用，同时也是固定元器件、保证机械连接的手段。作为锡焊材料的铅锡合金，其机械强度是比较低的，常用的铅锡焊料抗拉强度为 $3\sim4.7\ kg/cm^2$，只有普通钢材的 1/10。要想增加焊料的机械强度，就要有足够的连接面积。若是虚焊点，焊料仅仅堆在焊盘上，强度更无从谈起。常见的影响机械强度的问题还有焊锡过少、焊点不饱满，以及焊接时焊料尚未凝固就使焊件振动而引起的焊点晶粒粗大(像豆腐渣状)、裂纹、夹渣等。

(3)合格的外观：良好的焊点要求焊料用量恰到好处，外表有金属光泽，没有拉尖、桥接等现象，具有可接受的几何外形尺寸，并且不伤及导线绝缘层及相邻元器件。良好的外表是焊接质量的反映，例如表面有金属光泽是焊接温度合适、金属微结构良好的标志。不过，这一点只针对铅锡焊料焊接，对于大多数无铅焊料而言，焊接表面不具有金属光泽。

5.5.1.2　失效分析

除了上述几个方面的基本要求外，还应该对焊点进行失效分析。作为电子产品主要连接的锡焊点，应该在产品的有效使用期内保证其不失效。但实际上，总有一些焊点在正常使用期内失效。究其原因，不外乎外部因素和内部因素两种。

（1）外部因素主要有以下三点：

①环境因素：有些电子产品本身就工作在有一定腐蚀性气体的环境中，例如有些工厂在生产过程中会产生某些腐蚀性气体，即使是家庭或办公室中也会存在腐蚀性气体。这些腐蚀性气体会浸入有缺陷的焊点（如有气孔的焊点），在焊料和焊件界面处形成电化学腐蚀作用，使焊点失效。

②机械应力：电子产品在运输过程中或使用中往往会受周期性的机械振动的影响，对电子元器件的焊点施加周期性的剪切力，从而会使有缺陷的焊点失效。

③热应力作用：电子产品在反复通电/断电的过程中，发热元器件将热量传到焊点，由于焊点不同材料热胀冷缩性能的差异，将对焊点产生热应力，从而使一些有缺陷的焊点失效。

（2）应当指出的是，设计正确、焊接合格的焊点是不会因这些外部因素而失效的。外部因素是通过内因起作用的，而内部因素主要是焊接缺陷。虚焊、气孔、夹渣、冷焊等缺陷往往在初期检查中不易被发现，一旦外部条件达到一定程度时就会使焊点失效。只一两个焊点失效就有可能导致整个产品不能正常工作，有些情况下还会带来严重的后果。电化学腐蚀作用就是引起焊点失效的重要因素之一。对于合格的焊点，腐蚀性气体不会浸入焊点，但对于有气孔的焊点，腐蚀性气体就会浸入焊点内部，很容易在焊料和焊件界面处形成电化学腐蚀作用，使焊点失效。

除焊接缺陷外，印制电路板、元器件引线镀层不良也会导致焊点失效，例如印制电路板铜箔上一般都有一层铅锡镀层或金、银镀层，焊接时虽然焊料和镀层结合良好，但镀层和铜箔脱落同样会引起焊点失效。

5.5.2　焊点质量检查

在焊接结束后，为了保证产品质量，应该对焊点进行质量检查。由于焊接质量检查与其他生产工序不同，没有一种机械化、自动化的检查方法，因此主要通过目测检查、触摸检查和通电检查来发现问题。

（1）目测检查是从外观上检查焊接质量是否合格，即从外观上评价焊点有什么缺陷。

（2）触摸检查主要是指用手触摸、摇动元器件时检查焊点有无松动、不牢、脱落的现象，或者用镊子夹住元器件引脚轻轻拉动时检查焊点有无松动现象。

（3）通电检查必须是在外观及连线检查无误后才可以进行的工作，也是检查电路性能的关键步骤。

5.5.2.1　焊点外观检查

(1)典型焊点外观:图 5.42 是几种典型焊点的外观,分别展示了贴焊导线、直插式元器件、片式元器件以及 L 形引脚的焊点。

对典型焊点的共同要求如下:①焊料的连接面呈半弓形凹面,焊料与焊件交界处平滑,接触角尽可能小。②表面有金属光泽且平滑。③无裂纹、针孔、夹渣等。

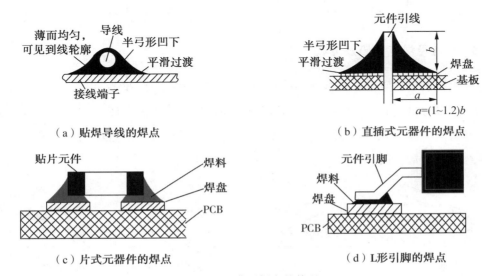

图 5.42　典型焊点的外观

(2)外观检查:所谓"外观检查",除目测(或借助放大镜、显微镜观测)焊点是否合乎上述标准外,还应检查漏焊、焊料拉尖、焊料引起导线间短路(即桥接)、导线及元器件绝缘的损伤、布线整形、焊料飞溅等情况是否存在。

检查时除目测外还要用指触、镊子拨动、拉线等方法检查有无导线断线、焊盘剥离等情况。

5.5.2.2　通电检查

在外观检查结束以后,确认连线无误后才可进行通电检查,这是检验电路性能的关键。如果不经过严格的外观检查,通电检查不仅困难重重,而且可能损坏仪器设备,造成安全事故。例如,电源连接线虚焊时,通电时会出现设备加不上电的情况,也就无法检查。

通电检查可以发现许多微小的缺陷(如用目测观察不到的电路桥接),但对于内部虚焊的隐患就不容易察觉。所以,还是要提高焊接操作的技术水平,不能把焊接问题留给检验工序。表 5.3 列出了通电检查时可能出现的故障及原因分析。

表 5.3　通电检查时可能出现的故障及原因分析

通电检查结果		原因分析
元器件损坏	失效	烙铁漏电、过热损坏
	性能降低	烙铁漏电、过热损坏
导通不良	短路	桥接、焊料飞溅
	断路	焊锡开裂、松香夹渣、虚焊、插座接触不良
	时通时断	导线断丝、焊盘剥落等

5.5.3　常见焊点缺陷及分析

造成焊接缺陷的原因有很多,在材料(焊料与焊剂)与工具(烙铁、夹具)一定的情况下,焊接方式的选择和操作者的责任心是焊接质量的决定性因素。图 5.43 为导线端子焊接的常见缺陷。表 5.4 列出了插装元器件焊点缺陷的外观、特点、危害及产生原因,可供焊点检查、分析时参考。

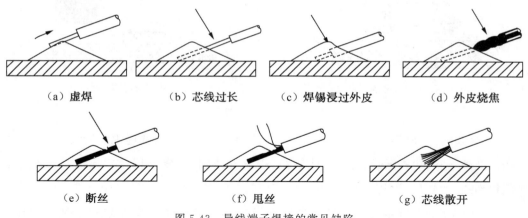

（a）虚焊　　　（b）芯线过长　　　（c）焊锡浸过外皮　　　（d）外皮烧焦

（e）断丝　　　　　（f）甩丝　　　　　（g）芯线散开

图 5.43　导线端子焊接的常见缺陷

表 5.4　插装元器件焊点缺陷的外观、特点、危害及产生原因

焊点缺陷	外观特点	危害	原因分析
焊料过多	焊料面呈凸形	浪费焊料,且可能包藏缺陷	焊丝撤离过迟
焊料过少	焊料未形成平滑面	机械强度不足	焊丝撤离过早

焊点缺陷	外观特点	危害	原因分析
松香焊	焊点中夹有松香渣	强度不足,导通不良,有可能时通时断	加焊剂过多或失效,焊接时间不足,加热不足
过热	焊点发白,无金属光泽,表面较粗糙	容易剥离,强度降低导致元器件失效损坏	烙铁功率过大,加热时间过长
冷焊	表面呈豆腐渣状,有时还有裂纹	强度低,导电性不好	焊料未凝固时焊件抖动
虚焊	润湿角过大,表面粗糙,界面不平滑	强度低,断路或时通时断	焊件加热温度不够,焊件清理不干净,助焊剂不足或质量差
不对称	焊锡未流满焊盘	强度不足	焊料流动性不好,助焊剂不足或质量差,加热不足
松动	导线或元器件引线可移动	导电不良或不导通	焊锡未凝固前引线移动造成空隙,引线未处理好
拉尖	出现尖端	外观不佳,易造成桥接	加热不足,焊料不合格
针孔	目测或放大镜可见孔隙	焊点容易腐蚀	焊孔与引线间隙太大
气泡	引线根部有时有焊料隆起,内部有气泡	暂时导通,但容易引起导通不良	引线与孔间隙过大,引线润湿性不良
桥接	相邻导线搭接	电气短路	焊锡过多,烙铁撤离方向不当
焊盘脱落	焊盘与基板脱离	焊盘活动,进而可能断路	烙铁温度过高,烙铁接触时间过长

5.5.4 拆焊与维修

在电子产品的开发和生产过程中,元器件装错、损坏或调试维修时可能要拆换元器件,这就需要拆焊(也叫"解焊")。如果拆焊方法不当,就会破坏印制电路板,也会使换下来但没有失效的元器件无法重新使用。

5.5.4.1 直插式元器件的拆焊

(1)引脚较少元器件的拆焊:对于引脚不多且每个引线可相对活动的元器件(如电阻、电容以及晶体管等),可用电烙铁直接拆焊,如图 5.44 所示。用印制板夹持装置将印制电路板竖起来夹住,一边用电烙铁加热待拆元件的焊点,一边用镊子或尖嘴钳夹住元器件,将引线轻轻拉出。

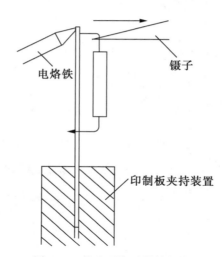

图 5.44　较少引脚元器件的拆焊

重新焊接时须先用锥子将焊孔在加热熔化焊锡的情况下扎通。需要指出的是,这种方法不宜在一个焊点上多次使用,因为印制导线和焊盘经反复加热后很容易脱落,造成印制电路板损坏。在可能多次更换的情况下可用图 5.45 所示的方法。

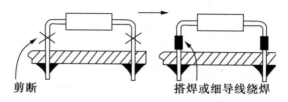

图 5.45　断线法更换元器件

(2)多引脚元器件的拆焊:当需要拆下有多个引脚且引线较硬的元器件时,以上方法不再适用。例如，要拆下图5.46所示的多线插座或集成电路时，一般可以采用以下三种方法：

①采用专用工具。采用专用烙铁头，用拆焊专用工具将所有焊点加热熔化，然后取出插座或元器件。

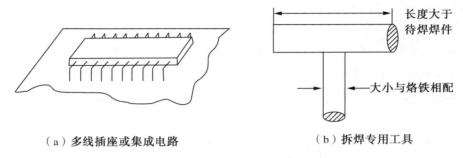

（a）多线插座或集成电路　　　　（b）拆焊专用工具

图5.46　多引脚元器件及拆焊专用工具

②采用吸锡烙铁或吸锡器。吸锡烙铁对拆焊是很有用的，既可以拆下待换的元器件，又可以不使焊孔堵塞，并且不受元器件种类限制。但采用吸锡烙铁时必须逐个焊点除锡，效率不高，而且须及时排出吸入的焊锡。

③万能拆焊法。具体操作步骤如下：以钢丝编织的屏蔽线电缆或较粗的多股导线为吸锡材料，将浸上松香水后贴到待拆焊点上；用烙铁头加热吸锡材料，通过吸锡材料将热量传到焊点，熔化焊锡；熔化的焊锡沿吸锡材料上升，即可将焊点拆开（见图5.47）。这种方法简便易行，且不易烫坏印制电路板。在没有拆焊专用工具和吸锡烙铁时，万能拆焊法是一种适应各种拆焊工作的方法。一些焊接工具和材料供应商会提供带有助焊剂的铜编织线，用于拆焊。

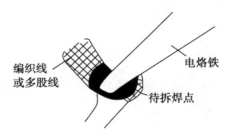

图5.47　万能拆焊方法

清理掉旧焊锡以后的区域应当用浸透溶剂的毛刷进行彻底清洗，以保证良好的焊接点替换。新的元器件安装好以后，重新按工艺要求进行表面涂敷即可。

5.5.4.2　表贴元器件的拆焊

表贴元器件具有体积小、焊点密集的特点，在制造工厂和专业维修拆焊部门一般采用专用工具设备进行表贴元器件拆焊,例如各种返修设备及多功能电焊台。对于不太复杂的印制电路板,在非专业设备条件下也可以拆焊,只是技术要求比较严格。表贴元器件拆焊主要有片式元器件拆焊、SOP/QFP(小外形封装/方形扁平式封装)器件拆焊、BGA/QFN(球栅阵列/方形扁平无引脚)封装器件拆焊三种。

(1)片式元器件拆焊:片式元器件一般指无引线或短引线的新型微小元器件。这类元器件拆焊并不困难,但要注意保护元器件,不要烫坏焊盘。片式元器件拆焊方法包括使用专用烙铁头拆焊、使用热风枪拆焊、使用双烙铁拆焊、万能拆焊法以及快速移动法。

①使用专用烙铁头拆焊:图5.48为拆焊专用烙铁头和拆焊头,可以快速对两端片式元器件拆焊。显然,不同封装规格的片式元器件需要相应的拆焊专用烙铁头。

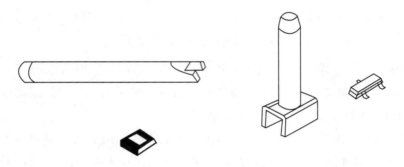

图 5.48　拆焊专用烙铁头和拆焊头

②使用热风枪拆焊:图5.49为热风枪拆焊。使用热风枪拆焊比较简单,操作也方便,不需要配置专业工具和多种附件,但对操作技能和经验要求较高,而且还会影响相邻元器件。

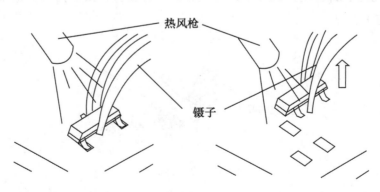

图 5.49　热风枪拆焊

③使用双烙铁拆焊:使用两把电烙铁,同时从两边加热,也可进行拆焊,如图5.50所示。这种方法需要两个人操作,不太方便。

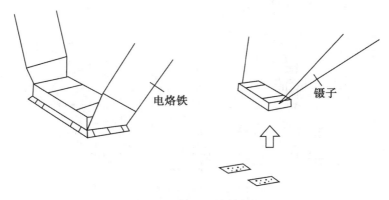

图 5.50　使用双烙铁拆焊

④万能拆焊法：用前面介绍的万能拆焊法，一个人就可以操作。

⑤快速移动法：工作中手头器材不方便时，可以用一把电烙铁加热片式元器件一端后，迅速转移到另一端加热，并用另一只手拿镊子拨开元器件。这种方法简单易行，但需要较高的操作技能，烫坏元器件和焊盘的风险比较大。

（2）SOP/QFP 器件拆焊：SOP/QFP 器件拆焊的方法包括使用专用烙铁和配套的拆焊头拆焊和万能拆焊法。

①使用专用烙铁和配套的拆焊头拆焊：拆焊专用烙铁和配套的拆焊头如图 5.51 所示，拆焊专用烙铁可以配置多种不同规格的拆焊头，以适应不同器件。

图 5.51　拆焊专用烙铁和配套的拆焊头

②万能拆焊法：虽然万能拆焊法比较复杂，但在条件不是的情况下也不失为一种切实可行的方法。

（3）BGA/QFN 封装器件拆焊：这类封装元器件一般应该采用专业返修设备进行拆焊。在没有专业返修设备时，使用特殊烙铁或热风枪也可以拆焊，只是伤害元器件及印制电路板的风险比较大。BGA/QFN 封装器件拆焊的方法包括使用专业返修设备拆焊和特制烙铁加热法。

①使用专业返修设备拆焊：专业返修设备和热风头如图 5.52 所示。用专业返修设备

进行拆焊的示意图如图 5.53 所示。

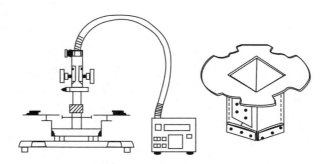

图 5.52　专业返修设备和热风头

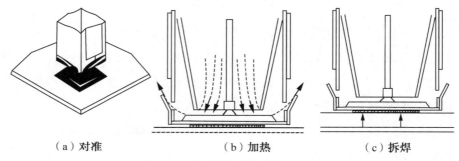

（a）对准　　　　　　　（b）加热　　　　　　（c）拆焊

图 5.53　专业返修设备拆焊示意图

②特制烙铁加热法:特制烙铁及烙铁头如图 5.54 所示,用特制烙铁进行拆焊的示意图如图 5.55 所示。

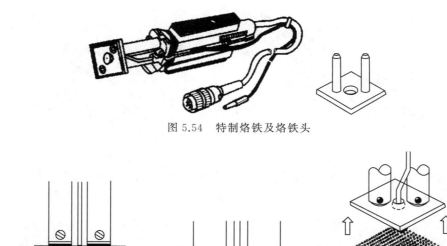

图 5.54　特制烙铁及烙铁头

（a）对准　　　　　　　（b）加热　　　　　　（c）拆焊

图 5.55　特制烙铁拆焊示意图

5.5.4.3　元器件的替换

现代设备中使用的印制电路板通常是双面板及多层板,其两面绝缘材料上都有印制电路和元器件,在进行元器件替换以前,需要全面考虑并按照正确的步骤进行。

(1)元器件替换基本准则:

①避免不必要的元器件替换,因为存在损坏电路板或邻近元器件的风险。

②在非大功率电路板上不要使用大功率的焊接电烙铁,因为过多的热量会使导体松动或破坏电路板。

③对通孔操作时只能使用吸锡器或牙签等工具从元器件安装孔中去除焊锡,绝不能使用锋利的金属物体来做这项工作,以免破坏通孔中的导体。

④元器件替换焊接完成后,从焊接区域去除过多的助焊剂并施加保护膜以阻止污染和锈蚀。

(2)元器件替换注意事项:

①仔细阅读设备说明书和用户手册上提供的元器件替换程序,并注意原电路板是否采用无铅技术。

②如果电路板不能从产品中拔出,操作前必须断开电源,拔出电源插头。

③尽可能移开电路板上其他插件和其他可以分离的部分。

④给将要去除的元器件做标记。

⑤在去除元器件之前仔细观察它是如何放置的,需要记住的信息包括元器件的极性、放置的角度、位置、绝缘需求和相邻元器件,建议对全板及需要进行元器件替换的部位分别照相存档。

⑥注意操作中只能触摸印制电路板的边缘(尽管指纹看不见,却可能引起印制电路板上污物和灰尘的积累,导致电路板中具有很高阻抗的部分阻抗变低);在必须触摸电路板的情况下,应当佩戴手套。

⑦把将要进行处理的焊接点表面的保护膜或密封材料去除,可以采用蘸有推荐使用溶剂的棉签或毛刷涂抹去除,但不能使大量的溶剂滴在电路板上,因为这些溶剂会从电路板的一个地方流到另外一个地方。用电烙铁烧穿保护膜不仅非常困难,而且会影响电路板的外观和性能。

⑧采用合适的方法拆焊,尽量避免高温和长时间加热,以保护电路板铜箔和相邻元器件。

⑨将元器件从印制电路板上去除以后,其周围区域需要用蘸有溶剂的棉签或毛刷进

行彻底清洗。另外,通孔或印制电路板的其他区域可能还有残留的焊锡,这些也必须予以去除,以便使新的元器件容易插入。

⑩用清洗工具对新元器件或新部件的引脚进行清洗,需要时还可以使用机械方法。对于导线端头,还必须去除绝缘皮;对于多股的引线,需将其拧成一股,并从距绝缘皮3 mm的地方镀锡。获得良好焊接点的秘诀就是使所有焊件都保持洁净,但不能依赖助焊剂达到这一效果。

⑪将替换元器件的引脚成形,以适合安装焊盘的间距;表贴元器件需对准并进行定位(至少点焊对角线两点必须对准);通孔元器件的引脚插入安装孔时不要用强力,因为尖锐的引脚端可能会破坏通孔导体。

⑫采用合适的工具设备、正确的焊料(注意区分有铅和无铅)和适用的工艺完成新元器件焊接,注意焊接的温度和焊锡的用量。

⑬移开烙铁或其他加热器使焊锡冷却凝固的时间不要振动电路板,否则将会产生不良焊接,形成"扰焊"。

⑭使用无公害清洗溶剂清洗焊接区域中泼溅的松香助焊剂和残留物时,注意不要将棉花纤维留在印制电路板上,并且要将电路板在空气中完全风干。

⑮检查焊接点,检测电路板功能。

⑯如果原电路板有保护膜,应该恢复该保护膜。

第六章　电子工艺技能实训

6.1　器件认知、检测及万用表使用练习

6.1.1　万用表简介

万用表是电工电子测试中的基本仪表,结构和型式多种多样,表盘、旋钮的分布也千差万别。使用之前,必须熟悉每个转换开关、旋钮、按键、插座和接线柱的作用,了解表盘上每条刻度的特点及刻度对应的被测电量。这样既可以充分发挥万用表的作用,使测量准确可靠,同时也可以保证万用表在使用中不被损坏。

6.1.1.1　万用表的种类

万用表有指针式(也称"模拟式")和数字式两种。早期使用的万用表是指针式的,虽然可靠耐用,观察动态过程直观,但读数精度和分辨率较低,目前已逐步被数字万用表取代。

数字万用表读数精确直观,输入阻抗高,是目前最常用的电子元器件和电路检测仪器。数字万用表显示位数是衡量其性能的重要指标,有 3 位半(一般习惯写作 $3\frac{1}{2}$,最大显示 1999)、4 位半、5 位半、6 位半等多种。位数越多,精度和分辨率越高。

6.1.1.2　认识万用表

数字万用表的种类较多,图 6.1 为 DT9205A 型数字万用表。

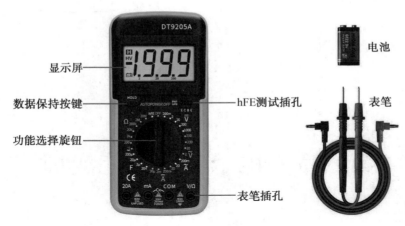

图 6.1 DT9205A 型数字万用表

数字万用表的面板一般由显示屏、开关、功能选择旋钮、表笔插孔、扩展表笔插孔、三极管插孔等组成。

(1)显示屏:显示屏是数字万用表的特有部件,它以数字形式显示测量的结果,使读取数据直观方便。不同的数字万用表显示的数字位数不同。

(2)开关:数字万用表大多都有开关,在不使用数字万用表时,应该关掉开关以节约表内电池。

(3)功能选择旋钮:数字万用表的功能选择旋钮是用来选择测量功能的,它周围的数字用于标示功能区及量程。数字万用表的测量功能比较多,主要有电阻测量、交直流电压测量、电容测量、交直流电流测量、二极管测量、三极管放大倍数测量、逻辑电平测量以及频率测量等。每个功能下又分出不同的量程,以适应不同的被测量对象。其中,"$\tilde{V}$"表示测量交流电压的挡位,"$\bar{V}$"表示测量直流电压的挡位,"$\tilde{A}$"表示测量交流电流的挡位,"$\bar{A}$"表示测量直流电流的挡位,"Ω"表示测量电阻的挡位,"hFE"表示测量三极管放大倍数的挡位。

(4)表笔插孔:数字万用表的插孔是用来接插表笔的。对数字万用表而言,红表笔的插头应接到标有"V/Ω"符号的插孔中,黑表笔的插头应接到标有"COM"符号的插孔中。红、黑表笔的区分是根据万用表内部的电路来决定的,在测量直流电流或电压时,应使电流从红表笔流入,从黑表笔流出。这样数字万用表才能正确指出被测电量的数值,否则不仅不能测量数值,还有可能毁坏万用表。因此,在使用时一定要把红、黑表笔插入相应的插孔内。

(5)扩展表笔插孔:数字万用表一般还有两个扩展表笔插孔,都是用来测量电流的红表笔插孔。一个用于测量 5 A 以下电流,另一个用于测量 20 A 以下电流。

（6）三极管插孔：数字万用表在测量晶体管直流放大倍数（即 β 值）时，需使用专用的插孔。测量时将换挡开关置于"hFE"挡位，晶体管三个电极分别插入标有 e、b、c 的三个插孔中。标有"P"或"PNP"的插孔用来测量 PNP 型晶体管，标有"N"或"NPN"的插孔用来测量 NPN 型晶体管。

6.1.2　电子元器件的识别、检测操作训练

严格的元器件检测需要多种通用或专用测试仪器。对于一般性的技术维修和电子制作，利用万用表等普通仪表对元器件检测便可满足要求，测试方法参考第 2 章。

6.1.2.1　训练要求

（1）了解常用电子元器件的外形与参数标志。
（2）熟练掌握常用元器件（电阻、电容等）的简单识别与检测方法。
（3）熟练掌握数字万用表的使用方法。

6.1.2.2　主要器材与材料

数字万用表、电子元器件若干。

6.1.2.3　训练内容

（1）数字万用表使用入门。
（2）元器件的感性认知（参见第 2 章相关内容）及简单测试。
①固定电阻：用数字万用表的电阻挡测量阻值是否与标称阻值相符，在表 6.1 中记录各电阻的标示方法、标称阻值、允许偏差、额定功率以及测量阻值，并计算相对误差，判断相对误差是否在允许偏差的范围之内，从而判别各电阻的质量。

表 6.1　固定电阻的识别与检测记录

序号	标示方法（色环）	标称阻值	允许偏差	额定功率	测量阻值	相对误差
1						
2						
3						
4						
5						
6						

序号	标示方法（色环）	标称阻值	允许偏差	额定功率	测量阻值	相对误差
7						
8						
9						
10						

②电位器：一般的电位器会对引脚进行数字编号，如图 6.2 所示。其中，1、3 端为电位器固定端引出端，2 端为电位器活动端引出端。请分别检测下列各项，并将结果填入表 6.2 中。

a.用数字万用表的电阻挡测量 1、3 端间的阻值，检测此值是否符合标称阻值、是否在允许偏差范围以内。

b.用数字万用表的电阻挡检测 1、2 端间，2、3 端间是否接触良好。

c.用数字万用表的电阻挡测量并记录 1、2 端间，2、3 端间的电阻最小值、最大值，即阻值范围。最小阻值应接近于零，最大阻值应接近电位器的标称阻值。

d.用数字万用表电阻挡的最高量程，检查各端子与外壳、转轴之间的绝缘是否良好。

图 6.2　电位器

表 6.2　电位器的识别与检测记录

标称阻值	1、3 端间阻值		接触是否良好	阻值范围	绝缘是否良好
		1、2 端间			
		2、3 端间			

③电容：测量电容量，观察其充电、放电过程，并在表 6.3 中记录各电容器的容量标示方法、标称容量、耐压值、有无极性标志、测量容量以及有无充放电过程。

表 6.3　电容的识别与检测记录

序号	容量标示方法	标称容量	耐压值	有无极性标志	测量容量	有无充放电过程
1						
2						
3						
4						
5						
6						

④二极管：分别检测下列各项并将结果填入表 6.4 中。

a.用数字万用表的二极管挡检测 IN4001 是否导通。IN4001 为硅管,因此正向压降范围应为 500～700 mV,反向测量时应不导通。

b.用数字万用表的二极管挡检测 LED 是否发光。正向测量时,LED 应发光,正向压降为 1.2～2.5 V,反向测量时应不导通。

表 6.4　二极管的识别与检测记录

型号	类型	序号	正向测量	反向测量
IN4001	普通二极管	1		
		2		
		3		
		4		
LED	发光二极管	1		
		2		
		3		
		4		

⑤晶体管：为方便说明,在此先用数字标记晶体管的引脚(见图 6.3),用数字万用表判别其管型、材料和引脚排列。

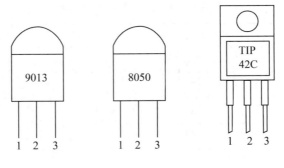

图 6.3　晶体管

a.9013 型晶体管的测量：

a)用_____（红/黑）表笔接引脚_____（1/2/3），另一支表笔分别接触其余两个引脚。因为两次都出现读数，所以引脚_____（1/2/3）为基极 b。这个晶体管的管型为_____（NPN/PNP）。

b)两个读数为_____和_____，因此这个晶体管的材料为_____（硅/锗）。

c)根据以上两个读数，确认引脚_____（1/2/3）为发射极 e，引脚_____（1/2/3）为集电极 c。

b.8050 型晶体管的测量：

a)用_____（红/黑）表笔接引脚_____（1/2/3），另一支表笔分别接触其余两个引脚。因为两次都出现读数，所以引脚_____（1/2/3）为基极 b。这个晶体管的管型为_____（NPN/PNP）。

b)两个读数分别为_____和_____，因此这个晶体管的材料为_____（硅/锗）。

c)根据以上两个读数，确认引脚_____（1/2/3）为发射极 e，引脚_____（1/2/3）为集电极 c。

c.TIP42C 型晶体管的测量：

a)用_____（红/黑）表笔接引脚_____（1/2/3），另一支表笔分别接触其余两个引脚。因为两次都出现读数，所以引脚_____（1/2/3）为基极 b。这个晶体管的管型为_____（NPN/PNP）。

b)两个读数分别为_____和_____，因此这个晶体管的材料为_____（硅/锗）。

c)根据以上两个读数，确认引脚_____（1/2/3）为发射极 e，引脚_____（1/2/3）为集电极 c。

⑥晶闸管：为方便说明，在此先用数字标记 MRC100-6 型晶闸管的引脚（见图 6.4），并用数字万用表判别其引脚排列。

红表笔接引脚_____(1/2/3),黑表笔接引脚_____(1/2/3)时读数为_____,且反向测量时数字万用表显示"OL"或最高位显示"1"。所以 MCR100-6 型晶闸管为_____(单向/双向)晶闸管,引脚 1 为_____,引脚 2 为_____,引脚 3 为_____(门极 G/阳极 A/阴极 K)。

⑦钮子开关:图 6.5 所示钮子开关为一款常见钮子开关,可用数字万用表检测其工作是否正常。

a.检查开关外观_____(有/无)破损。

b.检测开关工作_____(正常/不正常)。把开关打向一端,用数万用表的电阻挡(或蜂鸣挡)测量引脚,中间引脚应与一端引脚导通,与另一端引脚断开;把开关打向另一端,情况应相反。

c.用电阻挡的最高量程检测开关的绝缘电阻:外壳与引脚间的绝缘_____(良好/不良),处于断开状态的引脚间的绝缘_____(良好/不良)。

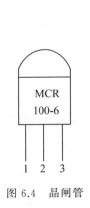

图 6.4　晶闸管

图 6.5　钮子开关

6.2　仿真软件实训

6.2.1　Multisim 仿真练习

6.2.1.1　分步练习

本节将练习 Multisim 仿真软件的一些基本操作。

(1)在 Multisim 仿真软件中将图 6.6 中的所有元器件放置在电路图图纸上。

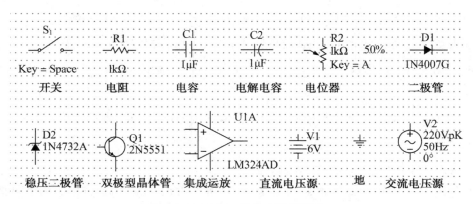

图 6.6　Multisim 软件中的元器件

(2)任意选择一个元器件,对该元器件完成水平翻转、垂直翻转、顺时针旋转 90°和逆时针旋转 90°等操作。

(3)修改电阻的阻值和电容的容量。

(4)修改三极管和二极管的标志符。

(5)用两种方式让开关在"开"和"关"两种状态下切换。

(6)用两种方式修改电位器滑动端和下固定端之间的电阻,将其阻值改为总电阻的 30.1%。

(7)任意删除一个元器件。

(8)将任意两个元器件连接起来,然后将两者间连接的导线删除。

(9)按照图 6.7 连接电路,并用数字万用表测量 R2 两端的电压。

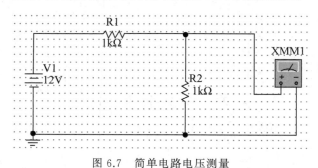

图 6.7　简单电路电压测量

6.2.1.2　共发射极放大电路仿真

本节将练习直流工作点分析、交流分析以及示波器的使用。

(1)共发射极放大电路的电路图如图 6.8 所示。调节电位器的滑动端与下固定端之间的电阻,使节点 6 和节点 0 之间的电位差[V(6,0)]的幅度约等于 600 mV(以正半周的

幅度为准),此时电位器的滑动端与下固定端之间的电阻为多少?〔要求使用示波器测量 V(6,0)的幅度〕

(2)保持电位器滑动端和下固定端之间的电阻不变,用直流工作点分析静态时节点 4 的电压。

(3)保持电位器滑动端和下固定端之间的电阻不变,用直流工作点分析静态时流过电阻 RC 的电流。

(4)将晶体管 2N5551 的 β 值(即直流放大倍数)从 242.6 修改为 100,观察 V(6,0)的幅度将怎样变化。

(5)利用交流分析找出共发射极放大电路的上限截止频率。

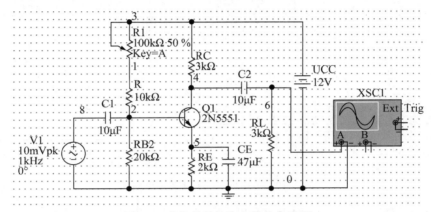

图 6.8　共发射极放大电路的电路图

6.2.1.3　简单多谐振荡闪烁灯电路仿真

本节将练习简单多谐振荡闪烁灯电路仿真,电路图如图 6.9 所示。

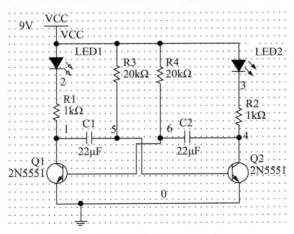

图 6.9　简单多谐振荡闪烁灯电路图

(1)发光二极管 LED1 两端电压的变化周期为＿＿＿＿。

（2）将 R3 和 R4 的阻值改为 10 kΩ，发光二极管 LED1 两端电压的周期会如何变化？

6.2.1.4　电动机器狗电路仿真

本节将练习电动机器狗的简化仿真，电路图如图 6.10 所示。

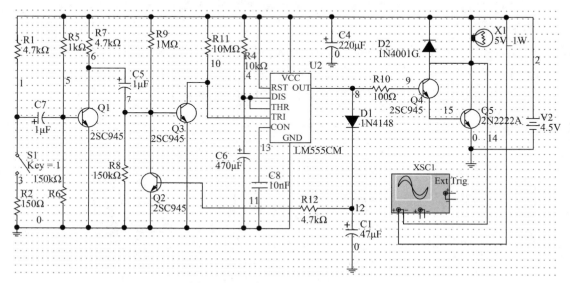

图 6.10　电动机器狗简化仿真电路图

在仿真过程中用开关 S1 模拟仿真声控，用灯泡代替电动机。每当按下开关 S1 并快速断开后，灯泡发光，一段时间后自动熄灭，相当于机器狗的"走—停"过程。

（1）555 定时器：单击"Place Mixed"（放置混合元器件），在弹出的"Select a Component"窗口中，单击列表中的"TIMER"，在列表中找到 LM555CM。

（2）晶体管 2SC945 和 2N2222A：单击"Place Transistor"，在弹出的"Select a Component"窗口中，单击"Family"列表中的"BJT_NPN"，在"Component"列表中找到晶体管 2SC945 和 2N2222A。

（3）灯泡：单击"Place Indicator"（放置指示器元器件），在弹出的"Select a Component"窗口中，单击"Family"列表中的"LAMP"，在"Component"列表中找到 5V_1W。

（4）二极管 1N4148：单击"Place Diode"（放置二极管），在弹出的"Select a Component"窗口中，单击"Family"列表中的"SWITCHING_DIODE"，在"Component"列表中找到 1N4148。

问题：

（1）闭合开关 S1 并快速断开，灯泡会发光且持续一段时间后自动熄灭，灯泡发光的时长约为多少？

（2）将电阻 R4 的阻值增加到 20 kΩ，闭合开关 S1 并快速断开，灯泡的发光时间会如何变化？

6.2.2 采用 Altium Designer 设计 PCB 项目实训

6.2.2.1 PCB 项目实训一

（1）新建 PCB 项目：

①创建一个 PCB 项目，以学号和姓名命名，如"D101 张三.PrjPCB"。文件要保存在指定的目录下。

②熟悉 Altium Designer 的工作面板、菜单栏以及系统参数设置等。

③熟悉项目的创建与保存、关闭与打开、向项目中添加或移除文件等操作。

（2）创建元器件库：

①创建一个元器件库，以学号和姓名命名，如"D101 张三.SchLib"。

②参考 4.3.3 节，在"D101 张三.SchLib"中，新建一个名为"LM317"的元器件，绘制图形和引脚，并设置相关属性。

③参考 4.3.3 节，在"D101 张三.SchLib"中，新建一个名为"LM358"的元器件。一个 LM358 元器件中包含两个运算放大器，因此需要创建两个子部件，分别绘制图形和引脚，并设置相关属性。

（3）创建封装库：

①创建一个封装库，以学号和姓名命名，如"D101 张三.PcbLib"。

②参考 4.3.4 节，在"D101 张三.SchLib"中，利用"PCB Component Wizard"向导制作元器件 LM358 的封装。注意：LM358 是一个双列直插封装（DIP8）的集成运算放大器。

③参考 4.3.4 节，在"D101 张三.SchLib"中，新建一个名为"LM317"的封装，通过自定义手工制作 PCB 封装，制作一个带散热片的 LM317 封装。

（4）绘制原理图：

①创建原理图文件，以学号和姓名命名，如"D101 张三.SchDoc"。

②参考图 6.11 所示的可调直流稳压电源电路原理图，完整绘制整个原理图并熟悉原理图绘制过程。

③编译过程中若没有错误，则原理图绘制完成。

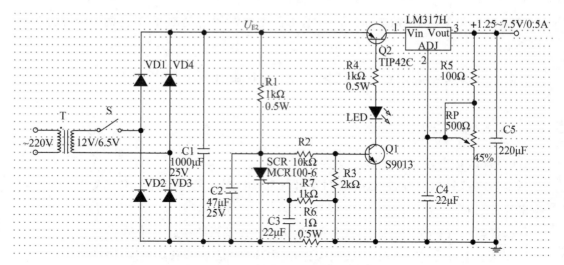

图 6.11　可调直流稳压电源电路原理图

（5）设计 PCB：

①创建 PCB 文件，以学号和姓名命名，如"D101 张三.PcbDoc"。

②在"D101 张三.PcbDoc"中绘制 PCB。该 PCB 为单面板，尺寸为 70 mm×35 mm，在底层布线，左边为交流输入，右边为直流稳压输出，LED 和电位器应分布在 PCB 边缘，以便于安装外壳。要求：手工布局，元器件尽量整齐、均匀和美观；手工布线，做到没有交叉跳线。

③线宽设置为 1.2 mm，安全间距设置为 0.5 mm，焊盘外径为 2 mm，孔径为 1 mm。

④在顶层丝印层的合适位置添加合适尺寸的字符串，签署自己的名字（用拼音，如 ChenChunlian）和设计日期（如 20210301）。

⑤设计完成后进行设计规则检查（DRC），生成报告文件。

⑥导出 Gerber 文件，并保存生成的.CAM 文件。

6.2.2.2　PCB 项目实训二

（1）绘制原理图：

①创建原理图文件，以学号和姓名命名，如"D101 张三.SchDoc"。

②参考图 6.12 所示的电路原理图，完整绘制整个原理图并熟悉原理图的绘制过程。

③编译过程中若没有错误，则原理图绘制完成。

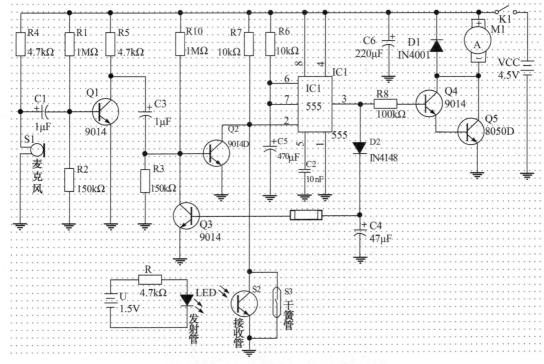

图 6.12　电动机器狗电路原理图

（2）设计 PCB：

①创建 PCB 文件，以学号和姓名命名，如"D101 张三.PcbDoc"。

②在"D101 张三.PcbDoc"中绘制 PCB。此板为单面板，尺寸为 80 mm×50 mm，在底层布线，左边为交流输入，右边为直流稳压输出，LED 和电位器应分布在 PCB 边缘，以便于安装外壳。要求：手工布局，元器件尽量整齐、均匀和美观；手工布线，做到没有交叉跳线。

③线宽设置为 1.2 mm，安全间距设置为 0.5 mm，焊盘外径为 2 mm，孔径为 1 mm。

④在顶层丝印层的合适位置添加合适尺寸的字符串，签署自己的名字（可用拼音，如 ChenChunlian）和设计日期（如 20210301）。

⑤设计完成后进行设计规则检查（DRC），生成报告文件。

⑥导出 Gerber 文件，并保存生成的.CAM 文件。

6.3　万能板设计与焊接操作训练

万能板(又名"万用板",俗称"点阵板""多功能板")是一种按照标准 IC(集成电路)引脚间距(2.54 mm)布满焊盘、可按自己的意愿插装元器件及连线的印制电路板。印制电路板与万能板的实物图如图 6.13 所示。

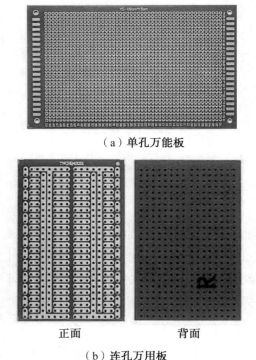

（a）单孔万能板

正面　　　　　　　　背面

（b）连孔万用板

图 6.13　印制电路板与万能板的实物图

万能板没有特定用途,可以用于制作任何电路,板上的小孔是独立的。万能板的优点:使用门槛低,成本低廉;使用方便,扩展灵活,利于调试。万能板的缺点:布线和装配容易出错,布线密度低,制作电子产品体积较大。万能板的用途:主要用于个人制作小型电路。

万能板主要有以下两种分类方法:①按焊盘形式,万能板分为单孔板和连孔板。②按材质,万能板分为铜板和锡板。

单孔板上的焊盘各自独立,互不相连如图 6.13(b)所示。因为数字电路和单片机电路以芯片为主,电路较规则,所以适合使用单孔板。

连孔板按照一定规律将多个焊盘连接在一起,更适合模拟电路和分立电路,因为这些电路往往较不规则,分立元件的引脚常常需要连接很多根导线,连孔板如图 6.13(c)所示。连孔板一般有双连孔、三连孔、四连孔等。

铜板的焊盘是裸露的铜,表面一般刷有一层薄薄的助焊剂,呈现金黄的铜本色。此类电路板的基材一般为 FRI(一种纸芯酚醛树纸覆铜板,俗称"纸板")。铜板加工简单,价格便宜,但由于表面助焊剂极易擦除,存储时需用纸或塑料袋包好,以防焊盘氧化。若焊盘被氧化(焊盘失去光泽,不易上锡),可以用棉棒蘸酒精或用橡皮擦去除氧化层。

在铜质焊盘表面通过喷锡工艺镀上一层锡,使焊盘呈现银白色,这种电路板被称"喷锡板"。喷锡板一般也会刷有阻焊层,基材多为 FR4(环氧板)。喷锡板的优点是不易被氧化,容易焊接;缺点是加工工艺相对复杂,价格较高。

6.3.1　万能板布局设计

万能板的布局可以用 Altium Designer 辅助设计,方法参照第 4 章。如果是小型电路,完全可以手绘布局图。把电路图从原理图转变为布局图,简单来说要完成两件事:

(1)把元器件由电路符号转变成封装,如图 6.14 所示。注意:要把元器件的标号、参数、极性标注清楚,而且以小圆圈表示焊盘位置。晶体管(包括二极管、三极管、晶闸管等)应在测量后标出实际极性。

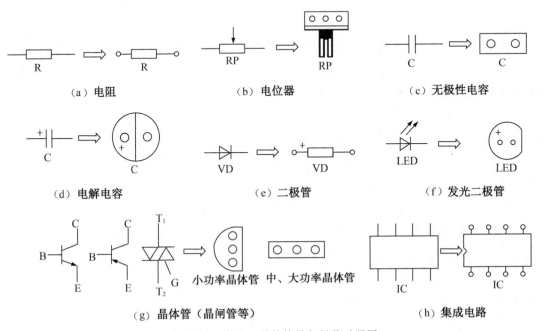

(a) 电阻　　　　　　　(b) 电位器　　　　　　　(c) 无极性电容

(d) 电解电容　　　　　(e) 二极管　　　　　　(f) 发光二极管

(g) 晶体管（晶闸管等）　　　　　　　　(h) 集成电路

图 6.14　常见元器件符号与封装对照图

（2）电路图中有些交叉线是电气连接的［见图 6.15（a）］，在布局以及焊接时可让其交叉且相连。但也有些交叉线不是电气连接的［见图 6.15（b）］，在布局时要避免其交叉，要么使其中一条电路避开另一条电路，要么利用绝缘线跳线。

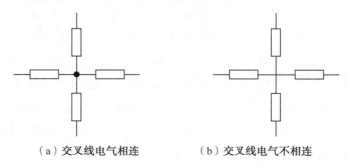

（a）交叉线电气相连　　　　　　　　（b）交叉线电气不相连

图 6.15　电路图中的交叉线

在画布局图时，电路布局和走线有如下要求和技巧：

①卧式封装元器件只能是水平方向或垂直方向的。走线、跳线主要走水平方向或者垂直方向，尽量不走 45°方向。

②同层面上的走线、元器件或跳线不能相交。

③元器件布局尽量均匀分布，疏密相差不应过大，整体布局一般大致为矩形。

④电路走向一般为从左到右水平布置，电源走线分布在水平方向的两侧（上、下位置）。

⑤要提前确定电源、地线的布局。电源贯穿电路始终，合理的电源布局对简化电路起着十分关键的作用。某些万能板有贯穿整块板子的铜箔，应将其用作电源线和地线。如果无此类铜箔，就需要对电源线、地线的布局有一个规划。

⑥电源线和信号线应分别从不同侧引出。若没有信号输入端，则电源线应放置在电路的左侧，输出端应放在电路的右侧。若有小信号输入端，电源可放在右侧。

⑦要特别注意电流较大的信号，考虑接触电阻、地线回路、导线容量、滤波电容、去耦电容位置等方面的影响。若处理不当，即使电路连线正确，也会使电路功能出现异常。音频电路、稳压电路等电路对布局和布线都有严格的要求。

⑧善于利用元器件自身的结构。轻触式按键就是一个典型的例子，它有四个引脚，其中两两相通，可以利用这一特点来简化连线，电气相通的两只引脚可以充当跳线。

⑨充分利用万能板空间。在芯片座里面隐藏元器件既节省空间，又可起到保护元器件的作用，如图 6.16 所示。另外，元器件采用立式安装也是一种很好的选择。

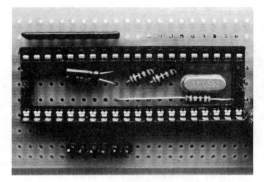

图 6.16　芯片座里面隐藏元器件示例

6.3.2　手工焊接操作训练

6.3.2.1　工具的识别与电烙铁的检测

（1）工具的识别：常用的装配工具有电烙铁、螺丝刀、尖嘴钳、斜口钳、镊子等，如图 6.17 所示。

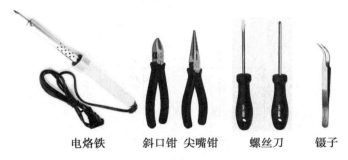

电烙铁　　斜口钳　尖嘴钳　　螺丝刀　　镊子

图 6.17　常用的装配工具

（2）电烙铁的检测：

①应依次对电烙铁进行电源插头、电源线、烙铁头的外观检查。

②将数字万用表旋转至电阻挡，两支表笔分别接烙铁头和烙铁电源插头，检测电热丝的阻值。（25 W 电热丝的电阻值约为 2.4 kΩ）

（3）电烙铁的拿法、温度控制与焊料认识：

①电烙铁的拿法参见第 5 章。

②观察电烙铁的温度时，电烙铁通电后应先蘸上松香，再观察其温度。

③用烙铁熔化一小段焊锡，观察液态焊锡的形态；在液态焊锡上熔化少量松香，观察松香的变化。

6.3.2.2　五步法练习及万用板焊接训练

（1）训练目的：

①通过五步法练习，进一步理解锡焊机理，初步掌握锡焊技术。

②掌握导线的加工技巧、连接方法。

③掌握在万能板上焊接电子元器件的基本技能。

（2）工具：电烙铁、镊子、尖嘴钳、剥线钳、斜嘴钳、小刀。

（3）材料：万能板、电阻、电容、多股线、单股线、排线、漆包线。

（4）训练内容：

①导线预处理：导线预处理包括剥线头、镀锡以及搭接等步骤。

a.对 4 根多股线（50 mm）和 4 根单股线（50 mm）进行剥线头、镀锡。

b.将处理好的单股线与多股线以搭焊的方式连接，要求导线及外皮无损伤，焊点牢固、光亮、大小适中。

②用漆包线焊接一个正方体（边长为 5 cm），如图 6.18 所示。

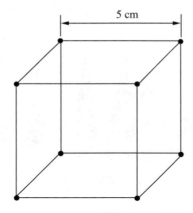

图 6.18　正方体框架焊接

③焊接万能板：在万能板上进行合理布局，焊接 4 根多股线（50 mm）、4 根单股线（50 mm）、4 根漆包线和 16 个电阻，要求如下：

a.4 根单股线两端弯成直角以插焊的方式焊接在万能板上。

b.4 根多股线以插焊的方式焊接在万能板上。

c.4 根漆包线弯成直角贴焊在万能板上。

d.8 个电阻卧式焊接。

e.8 个电阻立式焊接。

（5）操作要点：烙铁头应保持光洁，控制加热时间，控制焊锡量，及时清理元器件引线表面，注意导线剥线长度，多股线要绞合，导线焊接部位应预先镀锡。

6.3.2.3　拆焊练习

（1）训练要求：

①进一步理解锡焊机理。

②初步掌握拆焊的操作技能。

（2）工具：电烙铁、镊子。

（3）材料：拆焊练习板1块。

（4）训练内容：把拆焊练习板上的元器件全部拆下。

①用电烙铁将焊点加热熔化后用镊子把元器件拔出。

②对于多焊点元器件，可用万能拆焊法拆焊。若焊点间隔小，可通过烙铁头在焊点间快速移动，使焊点熔化后用工具将元器件拔出。

③把焊盘上的焊锡清除。

④对拆解下来的元器件进行建档。

⑤焊接并恢复原练习板。

（5）拆焊的基本原则：

①不损坏拆除的元器件、导线、原焊接部位的结构件。

②不损坏印制电路板上的焊盘与印制导线。

③对已判断为损坏的元器件可先将引线剪断再拆除。

④尽量避免拆动其他元器件或变动其他元器件的位置。

（6）拆焊的操作要点：

①严格控制加热的时间和温度。

②拆焊时不要用力过猛。

6.3.2.4　表贴式元器件焊接练习

（1）训练要求：初步掌握表贴式元器件手工焊接的操作技能。

（2）工具：电烙铁、镊子、刀形烙铁头。

（3）材料：表贴式元器件手工焊接练习板1块，电阻0805、0603、0402各20个，电容（0805）20个，排阻（0606）6个，二极管6个，三极管6个，SOP-14（双列扁平封装）芯片2片，QFP-44（方形扁平封装）芯片2片。

（4）训练内容：将各个表贴式元器件焊接到练习板的相对位置。

（5）操作要点：

①注意电阻、电容的反正面。

②注意二极管的正负极。

③集成电路元件应按照缺口或圆点指示,摆正方向。

④排阻、集成电路可使用刀形烙铁头进行拖焊,也可使用尖形烙铁头点焊。

⑤电阻、电容较小,采用排条状包装,焊接时要一个一个地拆取,以免丢失。

⑥焊接电阻、电容、二极管和三极管时,先在一个焊盘上镀锡,然后用镊子夹取元器件一端对正此焊盘进行焊接。若元器件位置不正,要重新焊接进行调整;若位置正确,再焊接元器件的另外一端。

⑦排阻、集成电路点焊时,摆正位置后,可先焊接对角线上的两个引脚,确保各引脚与对应焊盘对正后,再逐次焊接其他引脚。

6.4　综合训练

6.4.1　装焊工艺训练——电动机器狗安装与调试

6.4.1.1　训练目的

电动机器狗具有机、电、声、光、磁结合的特点,通过制作本产品可完成 EDA 实践的大部分训练。完成从电路原理仿真验证、印制电路板设计(制造),到元器件检测、焊接、安装、调试的产品设计制造全过程,可培养学生的工程实践能力。通过对正规的电动机器狗产品进行安装、焊接及调试,了解电子产品的装配过程,掌握元器件的识别及质量检测,学习整机的装配工艺,培养学生的动手能力及严谨的科学态度。

6.4.1.2　训练要求

(1)对照电路原理图看懂线路。

(2)了解电路原理图上的符号,并与实物对照。

(3)根据技术指标测试各元器件的主要参数。

(4)认真细心地安装、焊接元器件。

6.4.1.3　电动机器狗电路原理简介

(1)电动机器狗的工作条件:图 6.12 为电动机器狗的电路原理图,利用由 555 定时器构成的单稳态触发器,在三种不同的控制方法下,均给予低电平触发,促使电机转动,从而使电动机器狗实现走—停的目的,即拍手即走、光照即走、磁铁靠近即走,但都只是持续一段时间后就会停下,再满足其中一个条件时将继续行走。

（2）由 555 定时器构成的单稳态触发电路的工作原理：555 定时器的内部电路结构及引脚排列如图 6.19 所示。555 定时器的功能主要由两个比较器 C_1 和 C_2 决定，比较器的参考电压由 3 个 5 kΩ 的电阻 R 构成的分压器提供，在电源和地之间加电压 V_{CC}，并让控制端 5（其上电压为 V_M）悬空时，上比较器 C_1 的参考电压为 $2V_{CC}/3$，下比较器 C_2 为 $V_{CC}/3$。555 定时器的引脚名称及功能如表 6.5 所示。

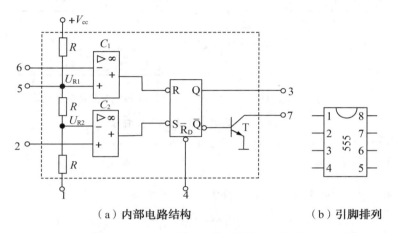

（a）内部电路结构　　　　　　（b）引脚排列

图 6.19　555 定时器内部电路结构及引脚排列

表 6.5　555 定时器的引脚名称及功能

引脚	名称	功能
1	GND（地）	接地，作为低电平（0 V）
2	TRIG（触发）	此引脚电压降至 $V_{CC}/3$（或由控制端确定的阈值电压）时，输出端给出高电平
3	OUT（输出）	输出高电平或低电平
4	RST（复位）	此引脚接高电平时，定时器工作；此引脚接地时，芯片复位，输出低电平
5	CTRL（控制）	控制芯片的阈值电压（此引脚接空时默认两阈值电压为 $V_{CC}/3$ 和 $2V_{CC}/3$）
6	THR（阈值）	此引脚电压升至 $2V_{CC}/3$（或由控制端确定的阈值电压）时，输出端给出低电平
7	DIS（放电）	内接 OC 门（集电极开路门），用于给电容放电
8	V_{CC}（供电）	提供高电平并给芯片供电

单稳态触发器在触发信号未到来时，总是处于一种稳定状态；在外来触发信号的作用下，将翻转成新状态，但这种状态是不稳定的，只能维持一段时间，因而称之为"暂稳态"（简称"暂态"）。暂态结束后，电路能自动回到原来状态，从而输出一个矩形脉冲，由于这种电路只有一种稳定状态，因而称之为"单稳态触发器"，简称"单稳电路"或"单稳"。单稳电路的暂态时间 t_W 与外界触发脉冲无关，仅由电路本身的耦合元件 RC 决定，因此称 RC 为单稳电路的定时元件。暂态时间与 RC 的关系为 $t_W = RC\ln 3 \approx 1.1RC$。图6.20为单稳电路及其工作波形，本电路的工作波形可在软件仿真时观察。

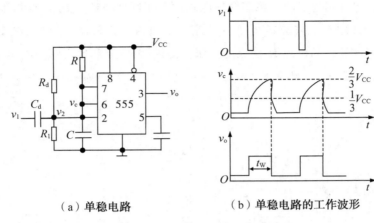

（a）单稳电路   （b）单稳电路的工作波形

图 6.20   单稳电路及其工作波形

6.4.1.4   工作步骤

（1）按材料清单（见表 6.6）清点全套零件，并妥善保存。

表 6.6   材料清单

序号	代号	名称	规格及型号	数量	检测
1	R1、R10	电阻	1 MΩ	2	
2	R2、R3	电阻	150 kΩ	2	
3	R4、R5、R9	电阻	4.7 kΩ	3	
4	R6、R7	电阻	10 kΩ	2	
5	R8	电阻	100 Ω	1	
6	C1、C3	电解电容	1 μF/10 V	2	
7	C2	瓷介电容	10 nF	1	
8	C4	电解电容	47 μF/10 V	1	
9	C5	电解电容	470 μF/10 V	1	
10	C6	电解电容	220 μF/10 V	1	
11	D1	二极管	1N4001	1	
12	D2	稳压二极管	1N4148	1	
13	Q1、Q3、Q4	三极管	9014（NPN）	3	
14	Q2	三极管	9014D（NPN）	1	
15	Q5	三极管	8050D（NPN）	1	

续表

序号	代号	名称	规格及型号	数量	检测
16	IC1	集成电路	555	1	
17	S1	声敏传感器	Sound control	1	
18	S2	光敏三极管	Infrared	1	
19	S3	干簧管(磁敏)	Reed switch	1	
20	J1～J6	连接线	直径为 0.12 cm，总长度为 70 cm，J1～J4 长度为 10 cm，J5、J6 长度为 15 cm	1	
21		屏蔽线	15 cm	1	
22		热缩套管	3 cm	1	
23		外壳(含电机)		1	
24		印制电路板	82 mm×55 cm	1	

(2)用数字万用表检测元器件,并将测量结果填入表 6.2 的检测栏目中。全部元器件安装前必须进行以下测试:

①电阻:阻值是否合格。

②二极管:二有管是否正向导通、反向截止,极性标志是否正确。

③三极管:判断极性及类型,检测β值(直流放大倍数)。

④电解电容:漏电流是否足够小,极性是否正确。

⑤光敏三极管:有光照时是否导通,无光照时是否断开。

⑥干簧管:磁吸时是否导通,无磁吸时是否断开。

⑦声敏传感器:将数字万用表拨至电阻挡,并将黑、红表笔分别接声敏传感器的正、负极,吹一下传感器,观察电阻值是否有明显变化。

(3)对元器件引线或引脚进行镀锡处理。注意:若镀锡层未氧化(或可焊性好),则可以不镀锡。

(4)检查印制电路板(见图 6.21)的铜箔线条是否完好、有无断线或短路,要特别注意边沿处。

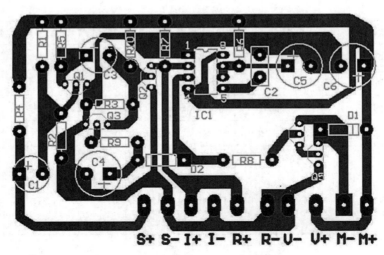

图 6.21　电动机器狗印制电路板

（5）安装元器件：元器件的安装质量及顺序将直接影响整机的质量与成功率，因此应根据实际情况合理安装元器件。

6.4.1.5　印制电路板焊接

按图 6.21 所示位置，对元器件进行焊接，其中电解电容和电阻采用卧式焊接（见图6.22），焊接时要注意二极管、三极管以及电解电容的极性。

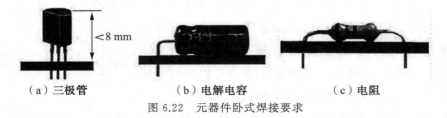

（a）三极管　　　　　　（b）电解电容　　　　　　（c）电阻

图 6.22　元器件卧式焊接要求

6.4.1.6　整机装配与调试

在连线之前，应将机壳拆开，避免烫伤及其他损害，并保存好机壳和螺钉。注意：电机不可拆！连线（连接线 J1～J6 的长度参考材料清单）的步骤如下：

（1）电动机（代表字符 M）：打开机壳，电动机（黑色）已固定在机壳底部。电动机负极与电池负极间有一根连线，改装电路时需将连在电池负极的一端拆下来，改接至印制电路板的"电动机－"（M－），并从印制电路板上的"电动机＋"（M＋）引一根连接线 J1 到电动机正端。音乐芯片连接在电池负极的那一端改接至电动机的负极，使其在电动机器狗行走的时候才发出叫声。

（2）电源（代表字符 V）：从印制电路板上的"电源－"（V－）引一根连接线 J2 到电池

负极。"电源＋"(V＋)与"电动机＋"(M＋)相连,不用单独再连接。

　　(3)磁控(代表字符 R):从印制电路板上的"磁控＋、磁控－"(R＋、R－)引两根连接线 J3、J4,分别搭焊在干簧管(磁敏传感器)的两根引脚上,放在电动机器狗后部,应贴紧机壳,便于控制。注意:干簧管没有极性。

　　(4)光控(代表字符 I):从印制电路板上的"光控＋、光控－"(I＋、I－)引两根连接线 J5、J6 搭焊到光敏三极管的两个管脚上,其中一条管脚套上热缩套管,以免短路,导致打开开关后电动机器狗一直行走。应注意的是,光敏三极管的长引脚应接在"I－"上。另外,应在电动机器狗机壳前面的小挡板上打个直径为 5 mm 的孔,将光敏三极管固定住。

　　(5)声控(代表字符 S):屏蔽线两头脱线,一端分正负(中间为正,外围为负)焊到印制电路板的 S＋、S－端;另一端分别贴焊在麦克风(声敏传感器)的两个焊点上,但要注意极性,且麦克风易损坏,焊接时间不要过长。焊接完后麦克风固定在电动机器狗前胸。

　　(6)通电前检查元器件焊接及连线是否有误,以免造成短路,烧毁电机。尤其要注意在装入电池前测量"电源－"(V－)与"电源＋"间是否短路,并注意电池极性。

　　电路的静态工作点参考值如表 6.7 所示。

表 6.7　电路的静态工作点参考值

代号	型号	静态参考电压		
		E	B	C
Q1	9014	0 V	0.5 V	4 V
Q2	9014D	0 V	0.6 V	3.6 V
Q3	9014	0 V	0.4 V	0.5 V
Q4	9014	0 V	0 V	4.5 V
Q5	8050D	0 V	0 V	4.5 V
IC1	555	1 V : 0 V	2 V : 3.8 V	3 V : 0 V
		4 V : 4.5 V	5 V : 3 V	6 V : 0 V
		7 V : 0 V	8 V : 4.5 V	

　　(7)组装:简单测试完成后再组装机壳,注意螺钉不宜拧得过紧,以免损坏塑料外壳。装好后,分别进行声控、光控、磁控测试,均有"走—停"过程即算合格。

6.4.2　焊接工艺训练—— LED 多谐振荡闪烁灯

6.4.2.1　电路特点

（1）电路由分立元器件构成，利用深度正反馈，通过阻容耦合使两个晶体管交替导通与截止，从而自激产生方波输出，再驱动两组 LED 灯达到闪烁灯的效果。

（2）内设一个排针，通过短接帽可以改变电路的工作模式。

（3）采用 USB 供电，使用起来非常方便。

6.4.2.2　硬件电路原理

（1）简单的多谐振荡闪烁灯：简单的多谐振荡闪烁灯电路（见图 6.23）是一个多谐振荡电路，电路的输出不会固定在某一稳定状态，其输出会在两个稳态（饱和或截止）之间交替变换，因此输出波形近似方波。

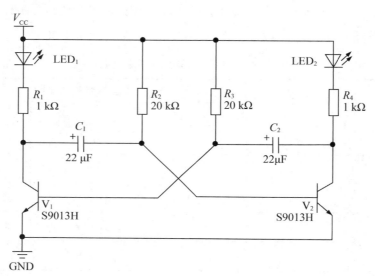

图 6.23　简单多谐振荡闪烁灯电路

当电源 V_{CC} 接通的瞬间，三极管 V_1、V_2 分别由 R_3、R_2 获得正向偏压，同时 C_1、C_2 分别经 R_1、R_4 充电。由于三极管 V_1、V_2 的特性不会完全相同，假设 V_1 的电流增益比 V_2 高，则 V_1 会比 V_2 先进入饱和（ON）状态。当 V_1 饱和时，C_1 由 V_1 的 c 极、e 极经 V_{CC}、R_2 放电，并在 V_2 的 b 极、e 极形成一个逆向偏压，促使 V_2 截止、V_1 导通。由于 V_1 的 c 极、e 极之间此时是导通的，所以 V_1 的 c 极处电位接近于 0 V（饱和压降），也就是接近于地电位，电容 C_1 的耦合作用，使 V_2 的基极电压接近于 0 V，导致 V_2 截止、V_2 的 e 极、c 极之间断开（开关作用），同时 C_2 经 R_4 和 V_1 的 b 极、e 极于短时间内完成充电至 V_{CC}。

V_1 饱和、V_2 截止的情形并不是稳定的,当 C_1 放电完成后(C_1 的放电周期为 $T_1 = 0.7R_2 \times C_1$),C_1 由 V_{cc} 经 R_2,V_1 的 c 极、e 极反向充电,当充电到 0.7 V 时,V_2 获得偏压而进入饱和(ON)状态,C_2 由 V_2 的 c 极、e 极,V_{cc},R_3 放电。同样地,C_1 放电不会造成 V_1 的 b 极、e 极反向偏压,从而使得 V_1 截止(OFF),C_1 经 R_1,V_2 的 b 极、e 极在短时间内充电至 V_{cc}。

同理,C_2 放完电后(C_2 的放电周期为 $T_2 = 0.7R_3 \times C_2$),V_1 经 R_3 获得偏压而导通,V_2 截止。如此循环下去。

闪烁的周期 T 为

$$T = T_1 + T_2 = 0.7R_2 \times C_1 + 0.7R_3 \times C_2$$

若 $R_2 = R_3 = R$,$C_2 = C_1 = C$,则 $f = \dfrac{1}{T} = \dfrac{1}{1.4RC}$, $T = 1.4RC$ 。当 $R = 20 \text{ k}\Omega$,$C = 22 \ \mu\text{F}$ 时,$T = 0.616 \text{ s}$,即闪烁的周期为 0.616 s。

(2)两级多谐振荡心形闪烁灯:两级多谐振荡心形闪烁灯原理图如图 6.24 所示,其原理与简单的多谐振荡闪烁灯类似。不同之处在于,它有两种工作模式:①当单排针 P 的引脚 2 和引脚 3 接通时,实现的效果是两组灯交替闪烁。②当单排针 P 的引脚 2 和引脚 1 接通时,实现的效果是全部灯有节奏地闪烁。

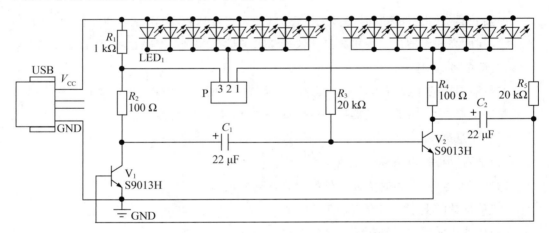

图 6.24　两级多谐振荡心形闪烁灯原理图

6.4.2.3　元器件选择及检测

两级多谐振荡心形闪烁灯的元器件清单及注意事项如表 6.8 所示。

表 6.8   两级多谐振荡心形闪烁灯的元器件清单及注意事项

序号	元器件名称	元器件编号	规格参数	数量	注意事项
1	电解电容	C_1、C_2	22 μF/16 V	2	注意正负极
2	电阻	R_1	1 kΩ,1/4 W	1	注意阻值,无方向
		R_2、R_4	100 Ω,1/4 W	2	
		R_3、R_5	20 kΩ,1/4 W	2	
3	晶体管	V_1、V_2	S9013H	2	注意引脚 e、b、c 的排列
4	发光二极管	$LED_1 \sim LED_{16}$	红色 LED	16	注意正负极
5	单排针	P	2.54 mm×3 Pin	1	注意安插方向
	跳线帽		间距为 2.54 mm	1	
6	USB 母头	USB		1	

6.4.2.4   硬件安装与焊接

焊接元器件时建议遵循从低到高的原则,即先焊接体积小、高度低的元器件,后焊接体积大、高度高的元器件。焊接顺序建议参考以下排列:电阻、发光二极管、USB 母头、单排针、电解电容、晶体管。

本电路焊接的主要目的是练习万用板电路布局,所以要先将 12 个发光二极管排成心形并焊接,然后再将其他元器件进行合理的安排,使连线、跳线尽量少。

焊接注意事项:

(1)电阻要根据电路标示阻值对应安装。

(2)LED、电容、晶体管等元器件的引脚排列要正确。

(3)单排针的上下方向要安插正确。

(4)严禁将元器件引脚折弯作为连接线。

(5)所有焊接要做到不虚焊,没有短路,焊盘没有脱落,焊点光滑、完整。

6.4.2.5   通电前的检查

通电前需要对电路进行仔细的检查,以确保焊接正确,避免通电时出现危险。检查采用目测和数字万用表检测两种。

(1)目测:①检查发光二极管、电容和三极管的极性有没有错误。②检查挨得比较近的连线和焊点有没有短路的情况。③检查各个焊点是否焊接可靠。④检查各个元器件的连接是否与电路图一致。

（2）万用表检测：①检测电源正、负极有没有短路。②检测两组发光二极管的阳极和阴极有没有短路。③检测电阻的阻值是否正确。④检测各个元件的连接关系是否与电路图一致，验证目测时发现的问题。

6.4.2.6　调试

利用跳线帽分别连接单排针的引脚 1、2 或引脚 2、3，以此来改变闪烁灯的工作模式。通电后测试，观察并记录效果，结果填入表 6.9 中。

表 6.9　两级多谐振荡心形闪烁灯测试记录

工作方式	效果描述	结论
单排针的引脚 1、2 短路		
单排针的引脚 2、3 短路		

6.4.2.7　功能扩展

在两级多谐振荡闪烁灯电路的基础上，也可以设计出三级多谐振荡闪烁灯电路，并且可以通过改变 LED 的颜色和布局，来实现色彩绚丽、造型优美的多谐振荡闪烁灯电路。三级多谐振荡闪烁灯电路原理图如图 6.25 所示。

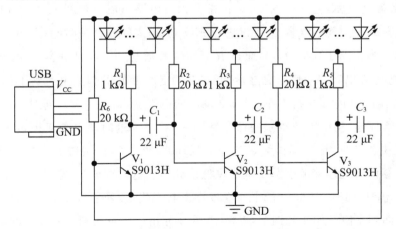

图 6.25　三级多谐振荡闪烁灯电路原理图

6.4.3　焊接工艺训练——LED 呼吸灯

6.4.3.1　电路特点

（1）采用 NE555 定时器来构成多谐振荡器，产生方波，供给 LED 驱动电路。

（2）采用 USB 供电，使用起来非常方便。

6.4.3.2　硬件电路原理

LED 呼吸灯电路如图 6.26 所示。电路工作状态如下：上电后 LED 灯渐渐变亮，当达到最亮时保持几秒钟，然后渐渐变暗直到熄灭，熄灭几秒钟后又渐渐由暗变亮，这样一直循环下去。当循环亮灭的速度刚好和人的呼吸同步时，就是呼吸灯效果。

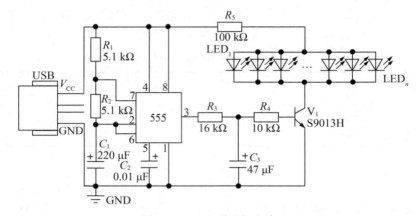

图 6.26　LED 呼吸灯电路

LED 呼吸灯的具体工作原理如下：

（1）多谐振荡电路：电路由 NE555（内部结构及电路组成参考图 6.19）定时器、2 个电阻和 1 个电容组成。其中电容 C_1 可以进行充放电，用来间隔开关时间；R_1 和 R_2 是给电容 C_1 充放电的。当电路工作时，C_1 会通过 R_1 和 R_2 来充电。充电时电容 C_1 的电压不断上升，当电压充电到 $2V_{cc}/3$ 时，与之连接的 NE555 定时器的引脚 6 也达到了相同的电压。这时 NE555 定时器内部开始工作，引脚 3 输出低电平（也就是 0 V），同时 NE555 定时器内部的放电管导通，使引脚 7 也呈现低电平（0 V）状态。这时从电源正极过来的电流，经 R_1 直接流入引脚 7 到"地"，不再给 C_1 充电。反而 C_1 通过 R_2 向引脚 7 放电。当 C_1 上的电压小于 $V_{cc}/3$ 时，与之连接的引脚 2 电压也低于此值。这时 NE555 定时器开始工作，使引脚 3 输出高电平，同时 NE555 定时器内部的放电管截止，使引脚 7 也呈现高电平状态。此时电路又回到了刚开始工作时的状态，C_1 重新充电。如此循环下去，C_1 的电压始终在 $V_{cc}/3$ 和 $2V_{cc}/3$ 之间徘徊，NE555 定时器的引脚 3 输出稳定的方波。方波的低电平电压为 0 V，高电平电压接近 5 V（V_{cc}）。

（2）LED 灯控制电路：R_3、C_3 构成了一个充放电电路，当 NE555 定时器输出高电平时，电流经过 R_3 对 C_3 进行充电，C_3 的电压从 0 V 慢慢升到 5 V，此过程中 V_1 从不导通状态变为导通状态，且其基极电流也会随 C_1 电压的升高而逐渐变大，使得集电极的电流也逐渐增大，LED 灯会逐渐变亮。当 NE555 输出低电平后，C_3 放电，C_3 的电压从 5 V 慢慢降至 0 V(其实不一定到 0 V,当下降到低于基极最低导通电压时就会停止放电)。观察到的现象便是 LED 灯从最亮慢慢变暗,直至熄灭。

6.4.3.3　元器件选择及检测

LED 呼吸灯的元器件清单及注意事项如表 6.10 所示。

表 6.10　LED 呼吸灯的元器件清单及注意事项

序号	元器件名称	元器件编号	规格参数	数量	注意事项
1	555 定时器	UI	NE555 DIP-8	1	注意缺口方向和引脚
2	IC 座	Ui	8 Pin	1	
3	电解电容	C_1	220 μF/16 V	1	注意正负极
4	瓷片电容	C_2	103(0.01 μF)	1	无方向
5	电解电容	C_3	47 μF/16 V	1	注意正负极
6	晶体管	V_1	S9013H	1	注意引脚 e、b、c 的排列
7	电阻	R_1、R_2	5.1 kΩ,1/4 W	2	注意阻值,无方向
8	电阻	R_3	16 kΩ,1/4 W	1	注意阻值,无方向
9	电阻	R_4	10 kΩ,1/4 W	1	注意阻值,无方向
10	电阻	R_5	100 Ω,1/4 W	1	注意阻值,无方向
11	发光二极管	$LED_1 \sim LED_n$	颜色自选	若干	注意正负极
12	USB 母头	USB		1	

6.4.3.4　硬件安装及焊接

焊接元器件时建议遵循从低到高的原则,即是先焊体积小、高度低的元器件,后焊体积大、高度高的元器件。焊接顺序建议参考以下排列:电阻、芯片插座、发光二极管、瓷片电容、USB 母头、电解电容、晶体管。

6.4.3.5　调试

(1)通电前的检查:①认真检查电路板上有没有明显的短路、虚焊、漏焊等现象。②认真检查电路板上的所有元器件安装是否正确,注意检查电阻阻值、电解电容器的正负极性、LED 的正负极性、晶体管的引脚排列、555 定时器插座的缺口方向等。

(2)通电后进行功能测试,仔细观察效果,做好记录,并将结果填入表6.11中。

表 6.11　　LED 呼吸灯的功能测试记录

测试条件	效果描述	结论
USB 供电		

6.4.4　焊接工艺训练——LED 旋律灯

6.4.4.1　电路特点

随着音乐或其他声音的响起，LED 灯跟随着声音的节奏（声音的快慢）闪烁起来，可体会到声音与光的美妙组合。

6.4.4.2　电路原理

LED 旋律灯电路图如图 6.27 所示，该电路由电源电路、驻极体传声器（MIC）放大电路、LED 发光指示电路组成。该电路的电源经 USB 输入，再经 C_1 滤波后供电路使用。MIC 将声音信号转化为电信号，经 C_2 耦合到 V_2 放大，放大后的信号送到 V_1 基极，由 V_1 推动 LED 发光，声音越大，LED 亮度越高。

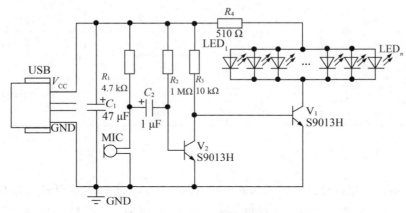

图 6.27　　LED 旋律灯电路图

6.4.4.3　元器件选择及检测

LED 旋律灯的元器件清单及注意事项如表 6.12 所示。

表 6.12　　LED 旋律灯的元器件清单及注意事项

序号	元器件名称	元器件编号	规格参数	数量	注意事项
1	驻极体传声器	MIC	6 mm×2.2 mm/电容式，带引脚	1	注意缺口方向和引脚

续表

序号	元器件名称	元器件编号	规格参数	数量	注意事项
2	电解电容	C_1	47 μF/16 V	1	注意正负极
3	电解电容	C_2	1 μF/16 V	1	注意正负极
4	晶体管	V_1、V_2	S9013H	2	注意引脚 e、b、c 的排列
5	电阻	R_1	4.7 kΩ,1/4 W	1	注意阻值,无方向
6	电阻	R_2	1 MΩ,1/4 W	1	注意阻值,无方向
7	电阻	R_3	10 kΩ,1/4 W	1	注意阻值,无方向
8	电阻	R_4	510 Ω,1/4 W	1	注意阻值,无方向
9	发光二极管	$LED_1 \sim LED_n$	颜色自选	若干	注意正负极
10	USB 母头	USB		1	

6.4.4.4　硬件安装及焊接

焊接元器件时建议遵循从低到高的原则,即先焊体积小、高度低的元器件,后焊体积大、高度高的元器件。焊接顺序建议参考以下排列:电阻、发光二极管、USB 母头、驻极体传声器、电解电容、晶体管。

6.4.4.5　调试

(1)通电前:①认真检查印制电路板上有没有明显的短路、虚焊、漏焊等现象。②认真检查印制电路板上的所有元器件安装是否正确,注意检查电阻阻值、电解电容器的正负极性、LED 的正负极性、驻极体传声器的正负极性、晶体管的引脚排列等。

(2)通电后进行功能测试,仔细观察效果,做好记录,并将结果填入表6.13中。

表 6.13　LED 旋律灯的功能测试记录

测试条件	效果描述	结论
周围环境保持安静		
轻轻的慢节奏拍手		
轻轻的快节奏拍手		
响亮的慢节奏拍手		
响亮的快节奏拍手		
用手机播放一首歌		

参考文献

[1]郭志雄,邓筠.电子工艺技术与实践[M].3 版.北京:机械工业出版社,2020.

[2]陈晓.电子工艺基础[M].北京:气象出版社,2013.

[3]杨圣,江兵.电子技术实践基础教程[M].北京:清华大学出版社,2006.

[4]王天曦,李鸿儒,王豫明.电子技术工艺基础[M].北京:清华大学出版社,2009.

[5]周珂,刘涛,吕振,等.电子技术实习教程[M].北京:清华大学出版社,2014.

[6]付蔚,童世华,王大军,等.电子工艺基础[M].3 版.北京:北京航空航天大学出版社,2019.

[7]黄金刚,位磊.电子工艺基础与实训[M].武汉:华中科技大学出版社,2016.

[8]舒英利,温长泽,王秀艳,等.电子工艺与电子产品制作[M].北京:中国水利水电出版社,2015.

[9]周春阳,梁杰,王蓉,等.电子工艺实习[M].2 版.北京:北京大学出版社,2019.

[10]丁珠玉,张济龙,贺付亮,等.电子工艺实习教程[M].北京:科学出版社,2020.

[11]孙蓓,白蕾.电子工艺实训基础[M].北京:机械工业出版社,2017.

[12]张金,周生.电子工艺实践教程[M].北京:电子工业出版社,2016.